普通高等教育"十四五"规划教材

智能建筑技术

主　编　张海龙　伍　培　张东明
副主编　肖继攀　黄　东　陶汉君

北　京
冶　金　工　业　出　版　社
2022

内 容 提 要

智能建筑已成为各国综合经济实力的具体体现，兴建智能大厦或小区已成为21世纪建筑业开发必然。本书以工民建工程为基础引入计算机网络通信等技术，全面系统的介绍了智能建筑的特点和特征。对智能建筑概论、智能建筑综合布线系统、智能建筑自动化系统、智能建筑通信系统、智能建筑办公自动化系统、智能小区等内容进行了阐述。

本书主要作为高等学校土木工程、智能建造、城市地下空间工程等专业本科、研究生的教材，也可供矿业工程、岩土工程等相关研究者、工作者参考。

图书在版编目（CIP）数据

智能建筑技术/张海龙，伍培，张东明主编．—北京：冶金工业出版社，2022.9

普通高等教育“十四五”规划教材

ISBN 978-7-5024-9228-1

Ⅰ.①智…　Ⅱ.①张…　②伍…　③张…　Ⅲ.①智能技术—应用—建筑施工—高等学校—教材　Ⅳ.①TU74-39

中国版本图书馆CIP数据核字（2022）第137582号

智能建筑技术

出版发行　冶金工业出版社　　**电　　话**　（010）64027926

地　　址　北京市东城区嵩祝院北巷39号　　**邮　　编**　100009

网　　址　www.mip1953.com　　**电子信箱**　service@mip1953.com

责任编辑　夏小雪　美术编辑　彭子赫　版式设计　郑小利

责任校对　范天娇　责任印制　李玉山

三河市双峰印刷装订有限公司印刷

2022年9月第1版，2022年9月第1次印刷

710mm×1000mm　1/16；10.25印张；200千字；155页

定价 39.00 元

投稿电话　（010）64027932　投稿信箱　tougao@cnmip.com.cn

营销中心电话　（010）64044283

冶金工业出版社天猫旗舰店　yjgycbs.tmall.com

（本书如有印装质量问题，本社营销中心负责退换）

前　言

进入20世纪80年代后，电子技术和计算机网络技术得到极大发展，Internet的出现和普及，已逐步把人类带入信息社会，人们的生产、生活方式也随之发生了变化。人们对现代化居住和办公的建筑环境提出了更高的要求，要求建筑具有适应信息社会的各种信息化手段和设备，以便更好地满足人们工作和生活的需求。在建筑设备实现自动化控制的基础上，引入涵盖通信、计算机、网络等领域的现代信息技术，智能建筑（IB，Intelligent Building）应运而生。随着全球信息化进程的不断加快和信息产业的迅速发展，智能建筑作为信息社会的重要基础设施，日渐受到重视。智能建筑已成为各国综合经济实力的具体体现，也是各大跨国企业集团国际竞争实力的形象标志。同时，智能建筑也是未来“信息高速公路（Information Superhighway）”的主结点。因此，各国政府和各跨国集团公司都在争相实现其建筑物的智能化，兴建智能化大厦或小区已成为21世纪建筑业开发的必然趋势。

本书为普通高等教育“十四五”规划教材，全书分为6章，主要内容如下：第1章智能建筑概论，第2章智能建筑综合布线系统，第3章智能建筑自动化系统，第4章智能建筑通信系统，第5章智能建筑办公自动化系统，第6章智能小区规划。

本书主要服务于高等院校学生、教师以及从事智能建筑技术及其应用的研究人员。书中用通俗易懂的语言介绍了智能建筑技术的基本理论知识，同时本书配套制作了丰富的教学资料，欢迎感兴趣的读者沟通交流。作者的联系方式为hlzhang28@ qq. com。

本书由张海龙、伍培、张东明担任主编，肖继攀、黄东、陶汉君担任副主编，王贺、常建国、刘阳、陈兴韩、李俊宏、金旭、高金鹏、张伟、刘苡村、唐奎、李超、秦飞、刘娅、曹勇、陈琼、郑丽军、薛怀东、何君莲、范立、童小生、张再旺、谢文龙、樊俊儒、陈亮、胡娟等参加编写。本书的出版得到了中国电子节能技术协会科技与教育分会、中国建筑金属结构协会新风与净水分会、《中国建筑金属结构》杂志社、重庆文理学院、重庆科技学院、重庆建筑科技职业学院、河南机电职业学院、贵州大学、东北电力大学、重庆市高级人民法院、重庆市工程师协会、重庆市绿色建筑与建筑产业化协会、锐捷网络股份有限公司、北京住总第三开发建设有限公司、重庆控环科技集团有限公司、重庆国匠职业资格考试培训集团有限公司、重庆裕特机电工程有限公司、河南省建筑科学研究院有限公司、浙江中天智汇安装工程有限公司、北京大冲环境工程有限公司、控环技术研究（江苏）有限公司、上海双尊空调设备有限公司等单位的支持，在此一并表示感谢。

由于编者水平有限，书中不妥之处在所难免，恳请广大读者批评指正。

作　者

2022 年 5 月于重庆

目　　录

1 智能建筑概论

人类进入20世纪80年代后，电子技术和计算机网络技术得到极大发展，Internet的出现和普及，已逐步把人类带入信息社会，人们的生产、生活方式也随之发生变化。人们对现代化居住和办公的建筑环境提出了更高的要求，要求建筑具有适应信息社会的各种信息化手段和设备，以便更好地满足人们工作和生活的需求。在建筑设备实现自动化控制的基础上，引入涵盖通信、计算机、网络等领域的现代信息技术，智能建筑（IB，Intelligent Building）应运而生。

随着全球信息化进程的不断加快和信息产业的迅速发展，智能建筑作为信息社会的重要基础设施，日渐受到重视。智能建筑已成为各国综合经济实力的具体象征，也是各大跨国企业集团国际竞争实力的形象标志。同时，智能建筑也是未来“信息高速公路（Information Superhighway）”的主结点。因此，各国政府和各跨国集团公司都在争相实现其建筑物的智能化，兴建智能化大厦或小区已成为21世纪建筑业开发的必然趋势。

1.1 建筑设备自动化与智能建筑的发展历程

1.1.1 建筑设备自动化控制技术的发展

建筑设备自动化是随着建筑设备，尤其是暖通空调系统，包括供热、通风、空气调节与制冷（HVAC & R，Heating Ventilation Air Condition and Refrigeration）系统的发展而出现的。建筑设备自动化技术在20世纪50年代后期引入我国，以后的20年随着自动化技术的进步也有所发展，但发展比较缓慢。在20世纪90年代，随着国内国民经济和科学技术的快速发展，特别是电子技术、计算机技术和自动化技术等IT技术的高速发展，使建筑设备自动化技术在开发与应用两方面都得到了前所未有的迅猛发展。

建筑设备自动化系统的发展与其他领域自控系统的发展是相似的。最早的楼宇自控系统是气动系统，气动控制系统的能源是压缩空气，主要用于控制供热、供冷管道上的调节阀和空气调节系统的空气输配管道调节阀。在市场需求和竞争的推动下，这种控制技术实现了标准化，统一了压缩空气的压力和有关气动部件，使得符合标准的厂商生产的控制设备可以互换，促进了楼宇控制系统的发展。

随后，电气控制系统逐渐代替气动控制系统，并成为楼宇控制系统的主要控制形式。20 世纪 70 年代的“能源危机”，迫使建筑设备自动化系统必须寻求更为有效的控制方式来控制楼宇设备，以减少能源的消耗。HVAC & R 系统首当其冲，出现了以 HVAC & R 设备为主要控制对象的计算机建筑设备自动化系统，以后逐渐发展为包含照明、火灾报警、给排水等子系统的集成计算机建筑设备自动化系统。起初计算机系统只是被简单地纳入电气控制系统之中，形成“监督控制系统（SCC，Supervisory Computer Control）”，如图 1-1 所示。最原始的 SCC 称为数据采集和操作指导控制，计算机并不直接对生产过程进行控制，而只是对过程参数进行巡回检测、收集，经加工处理后进行显示、打印或报警，操作人员据此进行相应的操作，实现对设备工作状态的调整。在后期的 SCC 系统中，计算机对设备运行过程中的有关参数进行巡回检测、计算、分析，然后将运算结果作为给定值输出到模拟调节器，由模拟调节器完成对设备工作状态的调整。

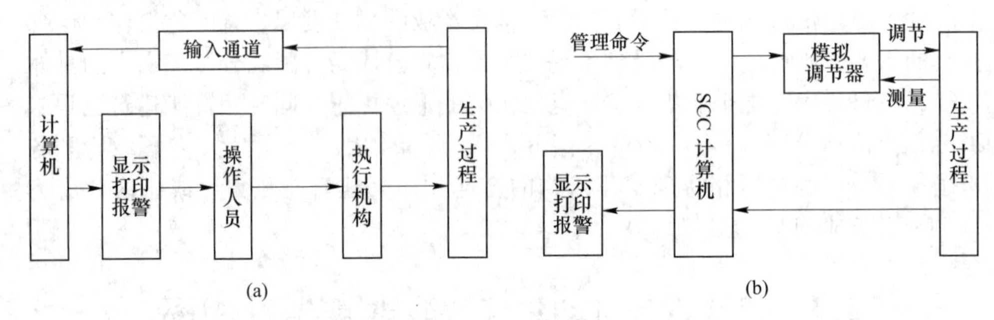

图 1-1 SCC 系统结构

（a）数据采集和操作指导控制结构；（b）模拟调节器控制系统结构

SCC 虽然只是计算机系统在控制领域中最简单的应用方式，但在楼宇自控系统中起到了显著的作用，节能效果显著。计算机系统在建筑中的应用由此得到了迅速的发展。

20 世纪 80 年代早期，计算机技术和微处理器有了突破性的发展，产生了直接数字控制技术（DDC，Direct Digital Control），如图 1-2 所示。DDC 技术在楼宇自控系统中的应用极大地提高了楼宇设备的效率，并简化了楼宇设备的运行和维

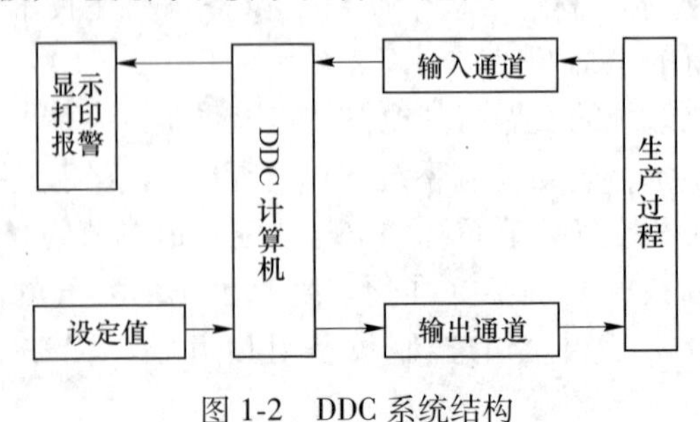

图 1-2 DDC 系统结构

护。随后在计算机网络技术的带动下，产生了各种以DDC技术为基础的分布式控制系统（DCS，Distributed Control System）（见图1-3，图中的工作站及分站均为计算机），形成了现代建筑设备自动化系统。

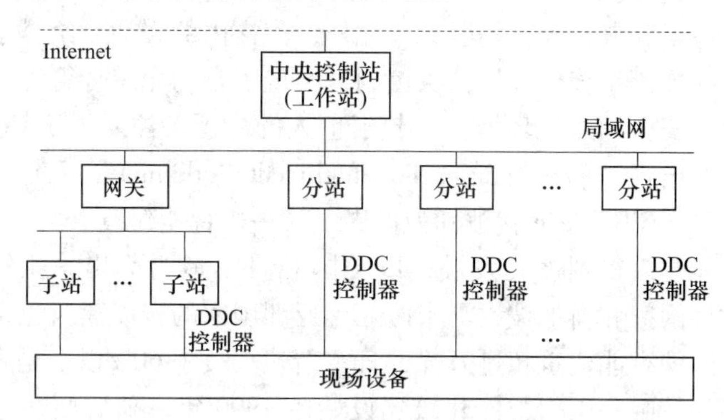

图1-3　DCS系统结构

随着DCS的应用，其他楼宇设备的自动控制系统也逐渐地被集成到建筑设备自动化系统中，如火灾自动报警与消防灭火设备自动控制系统、智能卡设备自控系统等。现代智能建筑的建筑设备自动化系统成为一种高度集成、联动协调、具有统一操作接口和界面的有一定智商的自动化系统。

信息技术的飞速发展使建筑设备自动化系统发生了本质的变革。在最初发展的智能建筑中，建筑设备自动化系统通常与IT系统分离。随着开放系统（Open Systems Technology）思想以及计算机通信技术的发展，专有通信协议的自动化系统被开放通信协议的自动化系统所取代，Internet成为企业级的基础网络设施（Infrastructure），企业管理信息系统的综合化程度越来越高，整体化的企业级管理（Enterprise-wide Management）日渐普及，物业设备设施管理（Facility Management）越来越专业化，并在整个建筑设备自动化系统内实现完全互操作。这些发展趋势导致建筑设备自动化系统建立在企业管理系统的基础设施之上，形成网络化的楼宇系统（NBS，Networked Building Systems），真正成为企业级信息系统的一个子系统。网络化楼宇系统使建筑设备自动化系统具有了统一的操作界面，与通信自动化系统和办公自动化系统成为了一个整体，最终促成了智能建筑的出现。

1.1.2　智能建筑的起源和发展

1.1.2.1　智能建筑的起源

由前述可知，随着社会与科技的进步与发展，只有建筑设备自动化系统所提供的建筑环境已无法适应信息技术的飞速发展和满足人们对建筑环境信息化的需求。1984年1月在美国康涅狄格州（Connecticut）哈福德市（Hartford）对一栋旧金融大厦进行改建，竣工后大楼改名为City Place。改建后的大楼，主要增添了计算机和数字程控交换机等先进的办公设备，以及完善的通信线路等设施。大楼的客户不必购置设备便可进行语音通信、文字处理、电子邮件、市场行情查询、情报资料检索和科技计算等服务。此外，大楼内的暖通、给排水、防火、防盗、供配电和电梯等系统均为计算机控制，实现了自动化综合管理，为用户提供了舒适、方便和安全的建筑环境，引起了世人的广泛关注。由于City Place在宣传材料中第一次出现"智能建筑（IB，Intelligent Building）"一词，智能建筑的概念被世界接受，City Place就被称为世界上第一栋智能建筑。

随后，智能建筑得到蓬勃发展，以美国和日本最为突出。此外，法国、瑞士、英国等欧洲国家和新加坡、马来西亚等亚洲国家的智能建筑也迅速发展。据有关统计，美国的智能建筑超过万幢，日本新建大楼中60%以上是智能建筑。我国智能建筑起步较晚，国内智能建筑建设始于1990年，随后便在全国各地迅速发展。北京的发展大厦（20F）是我国智能建筑的雏形，随后建成了上海金茂大厦（88F）、深圳地王大厦（81F）、广州中信大厦（80F）、南京金鹰国际商城（58F）等一批具有较高智能化程度的智能大厦。目前各地在建的智能建筑大厦已由办公大厦领域拓展到生活住宅和大型公共建筑，如大型住宅小区、会展中心、图书馆、体育场馆、文化艺术中心、博物馆等，投入相当高，智能化系统投资上亿元的屡见不鲜。据国内外媒体预测和分析，在21世纪，全世界的智能建筑将有一半以上在中国建成。

1.1.2.2 智能建筑的发展阶段

智能建筑发展的20多年历史大致可以归结为五个阶段，即：

（1）单功能系统阶段（1980~1985年）：以闭路电视监控、停车场收费、消防监控和空调设备监控等子系统为代表，此阶段各种自动化控制系统的特点是"各自为政"；

（2）多功能系统阶段（1986~1990年）：出现了综合保安系统、建筑设备自控系统、火灾报警系统和有线通信系统等，各种自动化控制系统实现了部分联动；

（3）集成系统阶段（1990~1995年）：主要包括建筑设备综合管理系统、办公自动化系统和通信网络系统，性质类似的系统实现了整合；

（4）智能建筑智能管理系统阶段（1995~2000年）：以计算机网络为核心，实现了系统化、集成化与智能化管理，服务于建筑、性质不同的系统实现了统一管理；

（5）建筑智能化环境集成阶段（2000年至今）：在智能建筑智能管理系统逐渐成熟的基础上，进一步研究建筑及小区、住宅的本质智能化，研究建筑技术与信息技术的集成技术，智能建筑环境的设计思想开始形成。

从各阶段的发展来看，智能建筑系统正朝着更集成化方向发展；同时，随着成本不断降低，智能化技术从大楼、小区，逐步向普通家庭和建筑普及。

1.1.2.3 现代社会对智能建筑的定义

智能建筑是将各种高新技术应用于建筑领域的产物，其内涵在不断地丰富，至今全球也没有一个统一的定义。美国认为，智能建筑是通过优化建筑物结构、系统、服务和管理等四项基本要素，以及它们之间的内在关系，来提供一个多产和成本低廉的物业环境。同时又指出，所有智能建筑的唯一特性是其结构设计可以适于便利、降低成本的变化。与美国类似，欧洲也是从原则上来认识智能建筑，认为建造智能建筑是创造一种可以使用户拥有最大效率环境的建筑，同时，智能建筑可以有效地管理资源，且在硬件设备方面的寿命成本最小。

新加坡认为，智能建筑必须具备三个条件：一是具有完善的安保、消防系统，能有效应对灾难和紧急情况；二是具有能够调节大楼内的温度、湿度、灯光等环境控制参数的自动化控制系统，可以创造舒适、安全的生活环境；三是具有良好的通信网络和通信设施，使各种数据能在建筑内外进行传输和交换，能让用户拥有足够的通信能力。

2006 年 12 月，我国建设部正式颁布了智能建筑国家标准《智能建筑设计标准》（GB/T 50314—2006），对智能建筑作出如下定义：智能建筑是以建筑为平台，兼备建筑设备、办公自动化及通信网络系统，集结构、系统、服务、管理及它们之间的最优化组合，向人们提供一个安全、高效、舒适、便利的建筑环境。

总之，智能建筑的本质是指用系统集成的方法，将现代控制技术、计算机技术、通信技术等信息技术与建筑技术有机结合，通过对设备的自动监控、对信息资源的管理、处理和对使用者的信息服务及其与建筑的优化组合，设计出投资合理、适合信息社会需要并具有安全、高效、节能、舒适、便利特点的建筑物。

1.2 智能建筑的组成和功能

智能建筑有三种具体表现形式：一是商务型建筑，称为智能大厦，一般所说的智能建筑即指这一类智能建筑，这是智能建筑最早出现的类型，本书在不加特别说明时，智能建筑即是指智能大厦；二是智能小区；三是智能家居，它们为人们提供了现代化的办公和居住环境。虽说在功能上会各有所偏重，但本质相同。智能建筑本质上都是利用建筑环境内的采用智能化系统控制的设备设施来改善建筑环境、提高建筑物的服务能力。

智能建筑是智能建筑环境内的系统集成中心（SIC，System Integrated Center）通过建筑物结构化综合布线系统（GCS，Generic Cabling System）或通信网络（CN）和各种信息终端，如通信终端（微机、电话、传真和数据采集器等）和传感器（如烟雾、压力、温度和湿度传感器等）连接，收集数据，“感知”建筑环境各个空间的“状况”，并通过计算机处理，得出相应的处理结果，通过网络系统发出指令，指令到达通信终端或控制终端（如步进电机、各种电磁阀、电子锁和电子开关等）后，终端做出相应动作，使建筑物具有某种“智能”功能。建筑物的使用者和管理者可以对建筑物供配电、空调、给排水、电梯、照明、防火防盗、有害气体、有线电视（CATV）、电话传真、计算机数据通信、购物及保健等全套设备设施都实施按需服务控制。这样可以极大地提高建筑物的管理和使用效率，有效地降低能耗与开销。

智能建筑通常由四个子系统构成，即：建筑设备自动化系统（BA，Building Automation）、通信自动化系统（CA，Communication Automation）、办公自动化系统（OA，Office Automation）和综合布线系统，具有前三个子系统的建筑常称之为“3A”智能建筑。智能建筑是由智能建筑环境内系统集成中心（SIC，System Integrated Center）利用综合布线系统PDS连接和控制“3A”系统组成的，如图1-4所示。

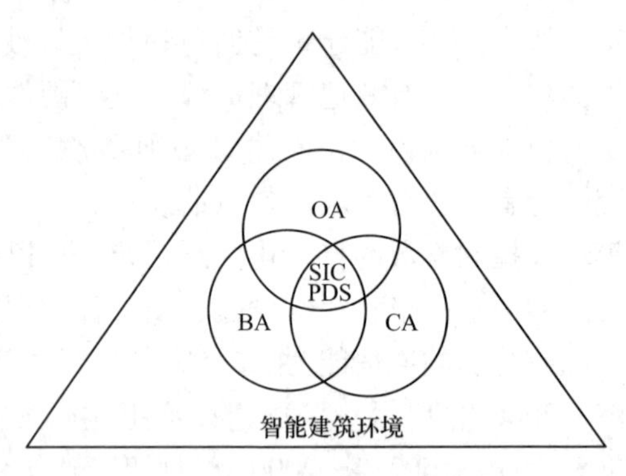

图1-4 智能建筑的系统构成

下面介绍智能建筑各组成部分的功能。

1.2.1 智能建筑的系统集成中心（SIC）

SIC具有各个智能化系统信息总汇和各类信息的综合管理功能，实际上是一个具有很强信息处理和通信能力的中心计算机系统。为了收集建筑环境内的各类信息，它必须具有标准化、规范化的接口，以保证各智能化系统之间按通信协议进行信息交换。在对收集回来的数据进行处理后，发出相关指令，对建筑物内各个智能化系统进行综合管理。

1.2.2 综合布线系统（PDS）

PDS是一种集成化通用信息传输网络。它一方面利用双绞线、电缆或光缆将智能建筑物内的各类信息传递给中心计算机系统（SIC），再将SIC发出的指令发送到各种智能化设备设施；另一方面，它也可利用自身是一个信息传输网络的特点在各种智能化设备设施之间实现信息传递。它是智能建筑物连接“3A”系统各类信息必备的基础设施，采用积木式结构、模块化设计，实施统一标准，能够满足智能建筑高效、可靠、灵活性的要求。

1.2.3 建筑设备自动化系统（BA）

建筑设备自动化系统（BA）是以中央计算机为核心，对建筑内的环境及其设备运行状况进行控制和管理，从而营造出一个温度、湿度和光度稳定且空气清新、安全便利的建筑环境。按各种建筑设备的功能和作用，该系统可分为给水排水监控、空调及通风监控、锅炉监控、供配电及备用应急电站监控、照明监控、消防自动报警和联动灭火、电梯监控、紧急广播、紧急疏散、闭路监视、巡更及安全防范等各种子系统。

BA 系统连续不停地对各种建筑设备的运行情况进行监控，采集各处现场数据，自动加以处理、制表或报警，并按预置程序和人的指令进行控制。

1.2.4 通信自动化系统（CA）

通信自动化系统处理智能建筑内外各种图像、文字、语音及数据之间的通信，CA 可分为语音通信、图文通信及数据通信等三个子系统。

（1）语音通信系统可提供预约呼叫、等待呼叫、自动重拨、快速拨号、转向呼叫和直接拨入，能接入和传递信息的小屏幕显示、用户账单报告、屋顶远程端口卫星通信和语音邮政等上百种不同特色的通信服务。

（2）图文通信实现传真通信、可视数据检索、电子邮件和电视会议等通信业务。数字传送和分组交换技术的发展，使通过大容量高速数字专用通信线路实现多种通信方式成为现实。

（3）数据通信系统用于连接办公区内计算机及其他外部设备，完成电子数据交换业务和多功能自动交换，使不同办公单元用户的计算机进行通信。

随着微电子技术的飞速发展，通信传输线路既可以是有线线路，也可以是无线线路。在无线传输线路中，除微波、红外线外，主要是利用卫星通信。卫星通信突破了传统的地域观念，实现了远隔千里、近在咫尺的跨国信息交换联系，是突破空间和时间的零距离、零时差的信息交流手段。

1.2.5 办公自动化系统（OA）

办公自动化是把计算机技术、通信技术、系统科学和行为科学，应用于传统的办公方式难以处理的、数量庞大且结构不明确的业务上。形象地描述，办公自动化系统就是在办公室工作中，以微型计算机为中心，采用传真机、复印机和电子邮件（E-mail）等一系列现代办公及通信设备，利用网络（数据通信系统），全面而又广泛地收集、整理、加工和使用信息，为科学管理和科学决策提供服务。它是利用先进的科学技术，不断使人的部分办公业务活动物化于人以外的各种设备中，并由这些设备与办公人员构成服务于特定目标的人机信息处理系统。其目的是尽可能充分地利用信息资源，提高劳动生产率和工作质量，也可以利用计算机信息管理系统辅助决策，以获得更好的信息处理效果。

办公自动化系统（OA）主要承担三项任务：

（1）电子数据处理（EDP，Electronic Data Processing）。处理办公中大量繁琐的事务性工作，如发送通知、打印文件、汇总表格和组织会议等。将上述繁琐的事务交给机器来完成，既节省人力，又提高效率。

（2）信息管理系统（MIS，Management Information System）。MIS 完成对信息流的控制管理，把各项独立的事务处理通过信息交换和资源共享联系起来，提高部门工作效率。

（3）决策支持系统（DSS，Decision Support Systems）。决策是根据预定目标做出的行动决定，是高层次的管理工作。决策过程是一个提出问题、搜集资料、拟订方案、分析评价和最后选定等一系列的活动。DSS 是一个特殊的管理信息系统或信息管理系统的模块，可以自动地采集和分析信息，提供各种优化方案，辅助决策者最大可能地做出正确的决定。

智能建筑在设置“3A”系统时其具体内容会因每幢建筑的具体情况和需求而有所不同，图 1-5 示出了某智能建筑的系统构成，图中的智能建筑系统 IBS 可看成是由 SIC 和 PDS 组成的共同体。

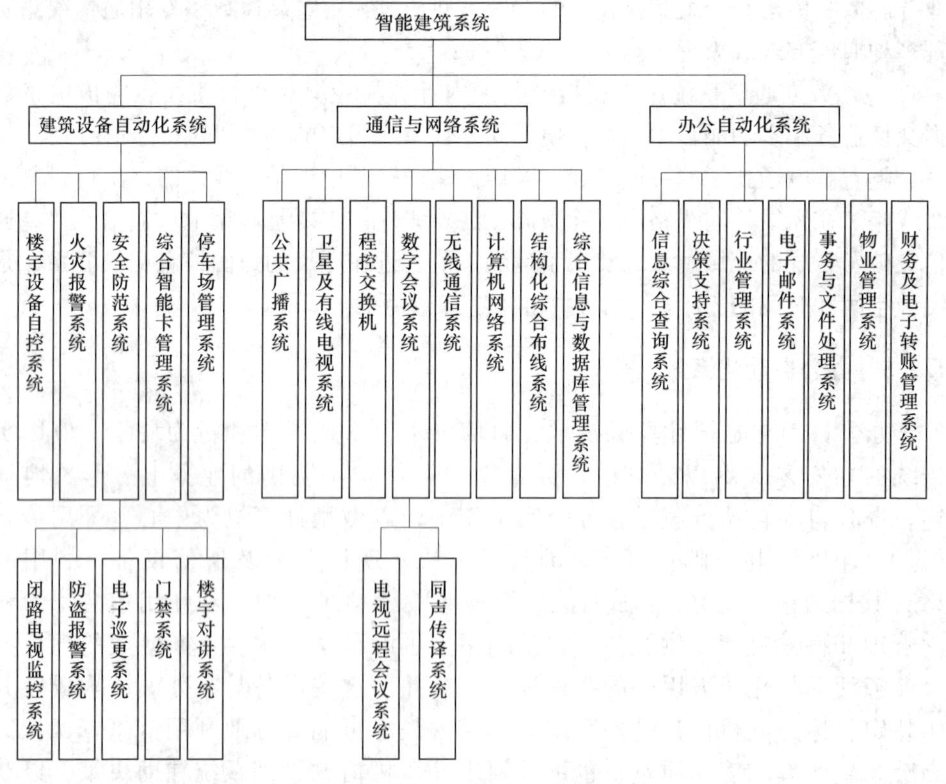

图 1-5 某智能建筑的系统构成

1.3 智能小区与智能家居

现代高科技和信息技术走进了高楼大厦，在逐步成熟后走向住宅小区，进而走进家庭。因此，智能建筑的发展继智能大厦之后，产生了智能住宅小区和智能家居。智能住宅小区已经成为智能建筑的重要发展方向，成为21世纪住宅的主流。现代社会的家庭成员正在以追求家庭智能化带来的多元化信息和安全、舒适与便利的生活环境作为一个理想的目标。

智能住宅小区和智能家居系统是现代住宅小区建筑与现代计算机、通信、控制等技术有机结合的产物。它采用智能管理和智能控制的方法，将居室内各种安全措施、信息设备及家用电器，通过家庭总线系统连接起来，构成完整的家庭智能系统，并以信息网络为纽带与小区物业管理系统互联，形成开放式的小区管理体系。

1.3.1 智能小区的功能及需求

智能小区建设的主要目的，仍然是为家居提供更好的环境，因此智能家居功能需求也是智能小区的功能需求。同时，居住小区又是众多家居的集合体，所以智能小区也有其独特的功能需求。智能小区的基本目标是：面向家居实现高度自动化的物业管理和服务功能，为住户提供一个舒适、安全、方便和高效率的生活空间；高级目标是：这个生活空间满足住户的个性化需求和居住小区可持续发展要求。

智能小区的功能需求表现为以下四个方面。

1.3.1.1 面向家居的智能化物业管理和服务

在智能小区中，人们对自身居住生活的周围空间提出更高的要求，小区的自治机构已从管理功能转向了服务功能。社会对智能小区提出了如下的服务功能：

（1）实现基础物业管理免打扰，各种水、电、气计量表具实现远程抄报、通告；

（2）实现外部社会网络（CATV、有线电话、Internet 等）接入和分配功能；

（3）与智能家居系统联网，可托管家居智能化系统；

（4）对小区中的定时、固定事件（定时开关小区公共照明、广播等）进行编程控制；

（5）对各类通道（汽车通道、建筑公共门禁）进行身份识别和感应控制；

（6）利用计算机对小区公共设备（配电站、水泵、电梯等）实现统一的检测和协同控制，对小区公共服务设施（停车场、广场、会馆等）实现自动化管理；

（7）对小区室外环境状况（温湿度、含尘量、大气污染等）的自动检测；

（8）小区公共广播和背景音乐系统；

（9）小区信息发布系统，小区局域网实现资源状况查询；

（10）提供个性化的物业服务，如室内水电维修、清洁等。

1.3.1.2　面向小区的安全保障体系

安全保障体系是智能化小区的一个重要需求。随着开放式小区建筑理念的广泛认同，对小区安全设施的功能需求提出了更高的要求，既要满足正常通行的方便和视野的开阔，又要保证小区与外界的相对隔离和安全。安全保障体系包括两种不同的对象，一是小区中的人身和财产的安全；二是小区各种设施的安全。具体内容包括：

（1）小区控制中心可以与所有的音视频对讲点进行对话，包括家居对讲；

（2）对小区所有的通道门禁系统进行统一的检测、控制和报警，包括家居门禁；

（3）自动接受家居智能化系统的报警和求助，并可与社会系统110、120、119等联动；

（4）小区周界非法入侵检测、报警和关键公共部位的视频监视，小区巡更系统；

（5）有害气体、火灾等防灾系统的自动报警和防灾减灾系统的联动控制；

（6）小区设施非正常工作的检测和报警。

1.3.1.3　面向物业管理公司的业务自动化系统

由智能家居组成的智能小区系统中，物业公司是实现智能小区功能的具体执行者。因此，物业公司的管理和服务业务流程的自动化，是小区实现快速、精细管理和服务的前提，也是智能小区的重要组成部分。这些物业管理业务自动化系统包括：物业公司的内部管理系统、小区基础信息管理系统、家居服务请求受理和收费管理的自动化系统。

1.3.1.4　面向未来发展的信息资源管理系统

小区智能化要求居住小区能够满足自我持续发展的需求。实现自我持续发展，一是要具有可持续发展空间的建筑规划设计；二是对居住小区信息资源的充分管理和挖掘。居住小区的生命周期一般在60年以上，必然会出现需求不断增长的局面，所以智能小区必须具有满足未来发展需要的功能，应具有下列功能的信息管理系统：

（1）小区基础信息（指物业及其附属设备设施和业主的基本信息）管理系统；

（2）小区运营实时信息管理系统，包括人员流动、设备运行状况、小区状况等事件的实时信息搜集、储存和处理；

(3) 小区信息资源应用系统，如小区资源使用情况和效率、小区各事件关联性等；

(4) 小区运营辅助决策系统，是指对小区物业管理事务的决策支持。

以上智能小区需求是一个较为完整的功能需求，这些功能都可以因地因时增减，构建每个小区智能化系统时，都应根据规模、地理位置、投资、用户需求等进行具体的确定。

1.3.2 智能小区和智能家居系统的结构

1.3.2.1 智能小区系统的构成

智能小区系统的结构与智能建筑的结构相似，如图1-6所示，小区仍有一个SIC，即图中的小区主机。小区管理中心副机是一个物业管理备份计算机。小区主机通过小区综合布线与外界接入系统、通信服务系统和安全防范系统、物业管理系统相连。收集各处信息，加以处理后，通过小区网络系统对各系统进行监督、控制和信息沟通。智能小区综合管理中心服务器既是小区智能网络的管理中心，又是将小区各住户连接成局域网，然后又将小区局域网与外界广域网连接起来的桥梁。

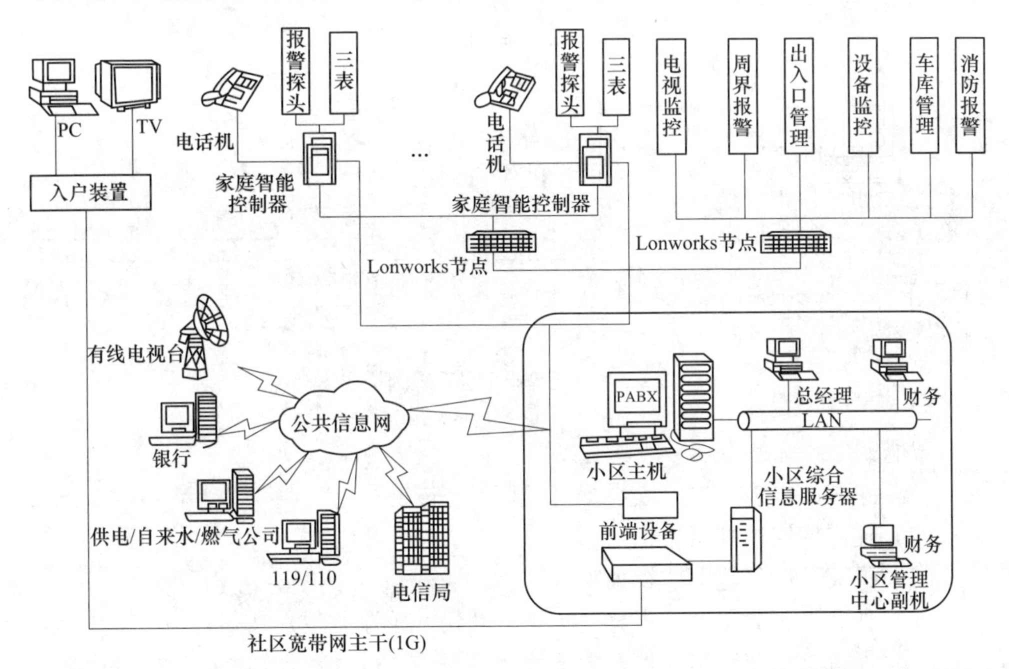

图1-6 某智能小区系统的构成

1.3.2.2 智能家居系统的构成

智能家居系统（也称家庭智能化系统）是智能小区系统的一个子系统，在

图 1-6 中它通过家庭智能控制器和 Lonworks 节点（一种网络连接器）与智能小区主机相连。智能小区的网络（PDS）分散与各个住户的智能控制器终端集中到小区管理主机。每个家庭智能控制器（图 1-7 中的主控器）就是一个家庭的 SIC，它通过智能家居网络连接智能化家庭所需的各项功能终端。智能家居系统包括智能传感执行设备、家庭布线系统和家庭智能控制器等三部分，其中家庭智能控制器是家庭智能化系统的核心，同时又是小区智能网络的节点。

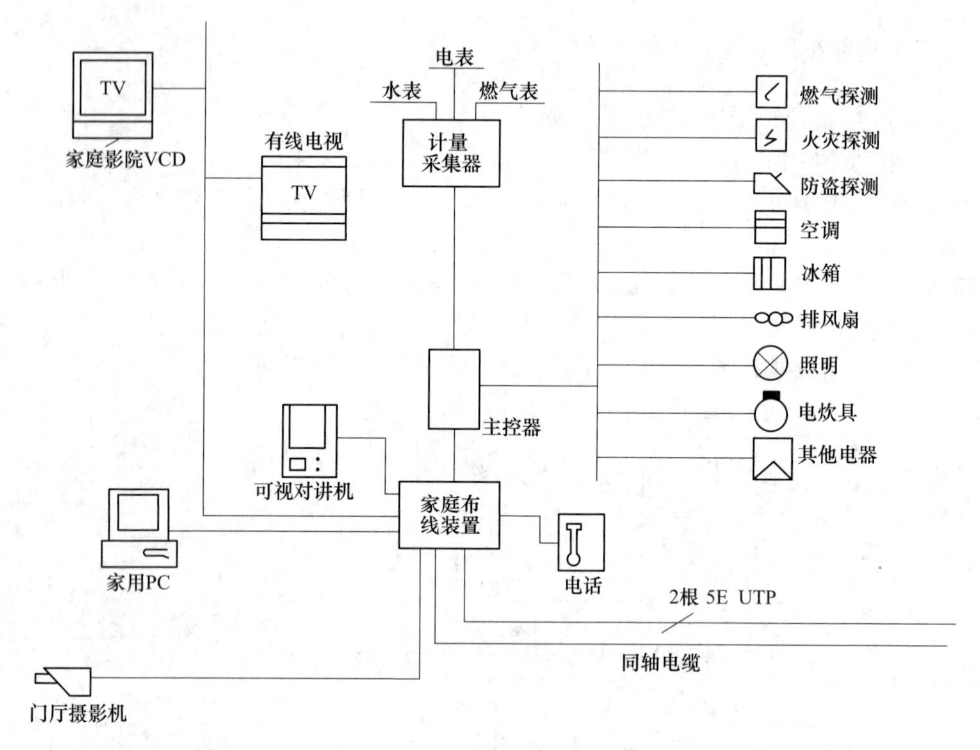

图 1-7 典型智能家居系统的构成

智能家居系统的终端一般具有以下功能：

（1）水表、电表、燃气表数据远程采集与传输；

（2）住宅保安监控报警；

（3）火灾、燃气泄漏监视报警；

（4）住户人工紧急求助报警（火警、劫警、医疗急救）按钮；

（5）通过电话或网络遥控家电开关；

（6）有线电视信号通/断控制，水、燃气的通/断控制，各类家用电器的通/断控制。

综上所述，观察智能建筑、智能小区、智能家居，就会发现它们在本质上都具有相同结构：有一个计算机主机（SIC），它通过网络（PDS）与各种终端系统相连。对于智能建筑，终端系统是建筑设备自动化系统、通信自动化系统、办公自动化系统；对于智能小区，终端系统主要是通信服务、外界接入、安全防范和物业管理系统；对智能家居，终端系统主要是一些室内探测和监视、控制装置。而它们的控制中心（SIC），均能通过网络（PDS）相连，实现协同工作。

2　智能建筑综合布线系统

智能建筑是集建筑设备自动化系统（BA）、通信自动化系统（CA）和办公自动化系统（OA）于一体的综合系统。智能建筑要实现这些功能，前提就是有一个网络系统将这些系统连接起来，使系统与系统之间、系统内各部分能够实现信息沟通，为综合化管理提供物质基础，这个网络系统就是建筑物中的综合布线系统。

综合布线系统是以智能建筑当前和未来布线需求为目标，对建筑物内部和建筑物之间的布线进行统一规划设计，从而将智能建筑的 BA、OA、CA 系统有机地结合起来，构成建筑物智能化系统。它涉及了建筑、设备、计算机、通信及自动控制技术等多个领域。

2.1　综合布线系统的基本概念

2.1.1　综合布线系统的由来

综合布线系统（PDS，Premises Distribution System）是一种在建筑物和建筑群中传输信息的网络系统，1985 年由美国电话电报公司（AT&T）贝尔实验室首先推出，并于 1986 年通过美国电子工业协会（EIA）和通信工业协会（TIA）的认证，受到全球的认同。它采用模块化设计和分层的星型拓扑结构，把建筑物内部的语音交换和智能数据处理设备及其他广义的数据通信设施相互连接起来，并采用必要的设备同建筑物外部的数据网络、电话网络和有线电视网络相连接。综合布线系统包括建筑物与建筑群内部所有用来连接以上设备的线缆和相关的布线器件。

PDS 出现的意义，在于它打破了数据传输和语音传输的界限，使这两种不同的信号能够在一条线路中传输，第一次将建筑物内的计算机网络和电话网络系统综合起来，这也是当前综合布线的主要应用领域。在此基础上，为适应智能建筑发展对系统集成度不断提高的需要，西蒙公司在 1999 年进一步开发出整体大厦集成布线系统（TBIC，Total Building Integration Cabling），使各种物业设备设施的运转参数和控制信号也能够通过同一网络传输。目前，为了进一步完成计算机网络、电话网络和设备自控线路的集成工作，国际标准化组织正在制定相应国际标准，吸收了 TBIC 研究和应用成果的 ISO/IEC 和 BICSI 的草案已经出台，正处于进一步的完善之中。

另外，PDS 随着房地产事业的发展进入家庭，智能小区及家居布线系统迅速发展。当前小区综合布线的主要参考标准为小区电信布线标准（TIA/EIA-570-A）。小区综合布线系统和智能建筑综合布线系统的主要区别在于：首先，小区智能化系统的用户独门独户，且每户都有许多房间，每户的每个房间的配线都应独立，小区综合布线系统应实现分户管理。其次，智能住宅需要传输的信号种类较多，不仅有语音和数据，还有有线电视、楼宇对讲等。因此，智能小区每个房间的信息点较多，需要的接口类型也较智能建筑丰富。

2.1.2　综合布线系统的特性及优点

综合布线系统特性和优点主要表现在以下三个方面：

（1）兼容性。综合布线系统是一套标准的配线系统，其信息插座能够插入符合同样标准的语音、数据、图像与监控等设备的终端插头。一个插座能够连接不同类型的设备，灵活且实用。不同厂家的语音、数据、图像设备只要符合标准，就可以相互兼容。

（2）可扩展性。综合布线系统采用星型拓扑结构、模块化设计，布线系统中除固定于建筑物内的主干线缆外，其余所有的接插件都是积木标准件，易于扩充及重新配置。当用户因发展而需要调整或增加配线时，不会因此影响到整体布线系统，可以充分利用用户先前在布线方面的投资。

综合布线系统主要采用双绞线或双绞线与光缆混合布线，所有布线均采用世界上最新的通信标准，连接符合 B—ISDN 设计标准，按 8 芯双绞线配置。通过超 5 类双绞线，数据最大传输速率可以达到 155Mb/s，对于特殊用户可以把光纤铺到桌面。干线光缆可设计为 500MHz 带宽，为未来通信量的增加提供了足够的富裕量，可以将当前和未来的语音、数据、网络、互联设备及监控设备等很方便地连接起来。

（3）应用独立性。网络系统最底层是物理布线，与物理布线直接相关的是数据链路层，即网络的逻辑拓扑结构。而网络层和应用层与物理布线完全不相关，即网络传输协议、网络操作系统、网络管理软件及网络应用软件等与物理布线相互独立。无论网络技术如何变化，其局部网络的逻辑拓扑结构都是总线型、环型、星型、树型或以上几种形式的综合，而星型结构的综合布线系统，通过在管理间内跳线的调整，就可以实现上述不同拓扑结构，因此采用综合布线方式进行物理布线时，不必过多地考虑网络的逻辑结构，更不需要考虑网络服务和网络管理软件，综合布线系统具有应用的独立性。

综合布线系统能够解决人乃至设备对信息资源共享的要求，使以电话业务为主的通信网络逐渐向综合业务数字网和各种宽带数字网过渡，使其成为能够同时提供语言、数据、图像和设备控制数据的集成通信网。

2.1.3　综合布线系统的组成

综合布线系统是一种开放式的结构化布线系统。它采用模块化方式，以星型拓扑结构，支持大楼（建筑群）的语音、数据、图像及视频等数字及模拟传输应用。按照美国 ANSI/EIA/TIA568A 标准划分，结构化综合布线系统（见图 2-1）根据其功能分为以下六个子系统。

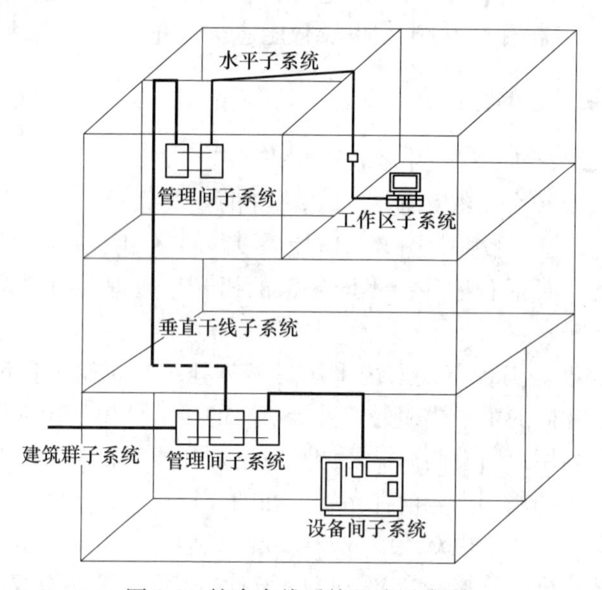

图 2-1　综合布线系统组成示意图

（1）工作区子系统。工作区子系统又称为服务区子系统，相当于电话配线系统中连接话机的用户线及话机终端部分，该子系统包括水平配线系统的信息插座、连接信息插座和终端设备的跳线及适配器。工作区的服务面积一般可按 5～10m^{2}估算，工作区内信息点的数量根据相应的设计等级要求设置。工作区的每个信息插座都应该支持电话机、数据终端、计算机及监视器等终端设备，同时，为了便于管理和识别，有些厂家的信息插座做成多种颜色：黑、白、红、蓝、绿、黄，这些颜色的设置要求符合 TIA/EIA606 标准。

（2）水平子系统。水平子系统也称为水平干线子系统，布置在同一楼层上。它的一端接在信息插座上，另一端接在管理间子系统的配（跳）线架上，由工作区用的信息插座、楼层分配线架设备至信息插座的水平电缆、楼层配线设备和跳线等组成。其结构一般为星型结构，水平电缆多采用 4 对超 5 类非屏蔽双绞线，长度小于 90m，信息插座应在内部做固定线连接，能支持大多数现代化通信设备。如果有磁场干扰或保密需要，则采用屏蔽双绞线，在需要高速率时使用光缆。

如果在楼层上有卫星接线间，水平子系统还应把工作区子系统与卫星接线间连接起来，把终端接到信息的出口。

（3）管理间子系统。一般在每层楼都应设计一个管理间或配线间，其主要功能是对本层楼所有的信息点实现配线管理及功能变换，以及连接本层楼的水平子系统和骨干子系统（垂直干线子系统）。管理间子系统一般包括双绞线跳线架和跳线，如果使用光纤布线，就需要有光纤跳线架和光纤跳线。当终端设备位置或局域网的结构变化时，仅需改变跳线方式，不必重新布线。

（4）垂直干线子系统。垂直干线子系统是用线缆连接设备间子系统和各层的管理子系统，一般采用大对数电缆馈线或光缆，两端分别接在设备间和管理间的跳线架上，负责从主交换机到分交换机之间的联系，提供各楼层管理间、设备间和引入口（由电话企业提供的网络设施的一部分）设施之间的互连。

垂直干线子系统所需要的电缆总对数一般按下列标准确定：基本型每个工作区可选定2对，增强型每个工作区可选定3对双绞线，对于综合型每个工作区可在基本型或增强型的基础上增设光缆系统。

（5）设备间子系统。设备间是在每一幢大楼的适当地点设置进线设备，进行网络管理及管理人员值班的场所，它是智能建筑线路管理的集中点。设备间子系统由设备间的电缆、配线架及相关支撑硬件、防雷电保护装置等构成，将各种公共设备如中心计算机、数字程控交换机、各种控制系统等与主配线架连接起来。如果将计算机机房、交换机机房等设备间设计在同一楼层中，既便于管理，又节省投资。

设备间的设置位置十分关键，它应兼顾网络中心的位置、水平干线与垂直干线的路由，以及主干线与户外线路（如市话引入、公共网络或专用网络线缆引入）的连接。市话电缆引入点与设备间的连接电缆应控制在15m之内，数据传输引入点与设备间的连接电缆长度不应超过30m。

（6）建筑群子系统。建筑群子系统是将多个建筑物的设备间子系统连接为一体的布线系统，应采用地下管道敷设方式。管道内敷设的铜缆或光缆应遵循电话管道和人孔的各项设计规定，并安装有防止电缆的浪涌电压进入建筑物的电气保护装置。建筑群子系统安装时一般应预留1~2个备用管孔，以便今后扩充。

建筑群子系统采用直埋沟内敷设时，如果在同一个沟内埋入了其他的图像、监控电缆，则应有明显的共用标志。

2.2 综合布线系统的传输介质

综合布线系统常用的媒体有同轴电缆、双绞线、光缆和无线传输介质。

2.2.1　同轴电缆

同轴电缆由内部导体环绕绝缘层以及绝缘层外的金属屏蔽网和最外层的护套组成，这种结构的金属屏蔽网可防止中心导体向外辐射电磁场，也可用来防止外界电磁场干扰中心导体的信号。为了保持同轴电缆的正确电气特性，电缆屏蔽层必须接地。

在进行综合布线时常用的同轴电缆两种，一种是50Ω电缆，用于数字传输，称为基带同轴电缆；另一种是75Ω电缆，用于模拟传输，称为宽带同轴电缆。图2-2为同轴电缆的构造。

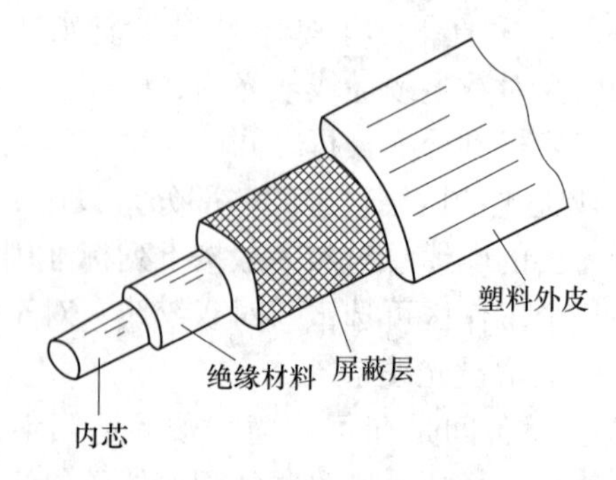

图2-2　同轴电缆的构造

2.2.2　双绞线

双绞线（TP，Twisted Pair Cable）是综合布线工程中最常用的一种传输介质。双绞线由两根具有绝缘保护层的铜导线组成，铜导线的典型直径为1mm。两根绝缘的铜导线按一定密度相互缠绕，每根导线在传输中辐射的电波会被另一根线上发出的电波抵消，降低了信号干扰的程度。把一对或多对双绞线放在一个绝缘套管中便成了双绞线电缆。在双绞线电缆内，不同线对具有不同的扭绞长度。与同轴电缆、光缆相比，双绞线在传输距离、信道宽度和数据传输速度等方面均有所不如，但价格较为低廉，主要用于短距离的信息传输。

目前，按是否有屏蔽层，双绞线分为非屏蔽双绞线（UTP，Unshielded Twisted Pair）和屏蔽双绞线（STP，Shielded Twisted Pair）。非屏蔽双绞线由绞在一起的线对构成，外面有护套，但在电缆的线对外没有金属屏蔽层。它由8根不同颜色的线分成4对（白棕/棕、白绿/绿、白橙/橙、白蓝/蓝），每两条按一定规则绞合在一起，成为一个芯线对，结构如图2-3所示。它是综合布线系统中常用的传输介质。

屏蔽双绞线（STP）与非屏蔽双绞线相比，在双绞铜线的外面加了层铜编织网，这层铜编织网起屏蔽电磁信号的作用。

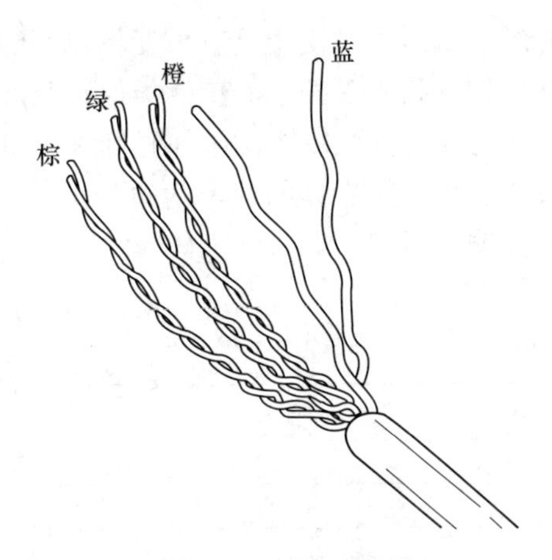

图 2-3 非屏蔽双绞线

2.2.3 光缆

光缆是一组光导纤维（光纤）的统称。光纤不仅是目前可用的媒体，而且是未来会长期使用的媒体，主要原因在于光纤具有很大的带宽，传输速度与光速相同。光纤与电导体构成的传输媒体最基本的差别表现为：它的传输信息是光束，而非电气信号。因此，光纤传输的信号不受电磁的干扰，保密性能优异。

光纤由单根玻璃光纤、紧靠纤芯的包层以及塑料保护涂层组成，为了使用光纤传输信号，光纤两端必须配有光发射机和接收机，光发射机执行从光信号到电信号的转换。实现电光转换的通常是发光二极管（LED）或注入式激光二极管（1LD）；实现光电转换的是光电二极管或光电三极管。图 2-4 为光纤结构示意图。

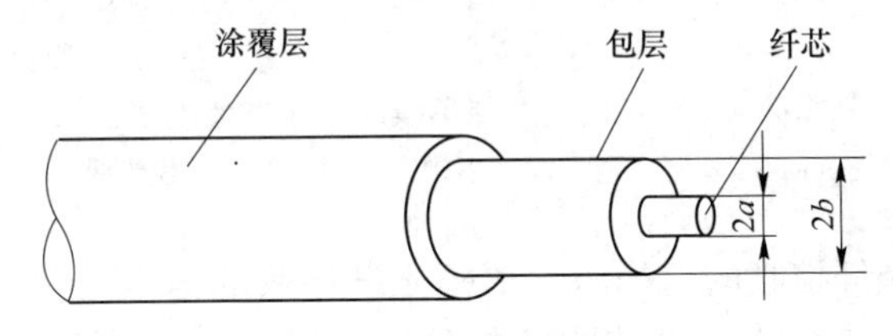

图 2-4 光纤结构示意图

根据光在光纤中的传播方式，光纤有两种类型：多模光纤和单模光纤。多模光纤根据包层对的折射情况分为突变型折射和渐变型折射。以突变型折射光纤作为传输媒介时，发光管以小于临界角发射的所有光都在光缆包层界面进行反射，并通过多次内部反射沿纤芯传播。这种类型的光缆适用于传输速率不是很高的场合。

多模突变型折射光纤的散射通过使用具有可变折射率的纤芯材料来减小，折射率随离开纤芯的距离增加导致光沿纤芯的传播类似正弦波。将纤芯直径减小到3~10μm后，所有发射的光都沿直线传播，这种光纤称为单模光纤；这种单模光纤通常使用ILD作为发光元件，可操作的速率为每秒钟数百兆。图2-5为光在多模光纤与单模光纤中的传输示意图。

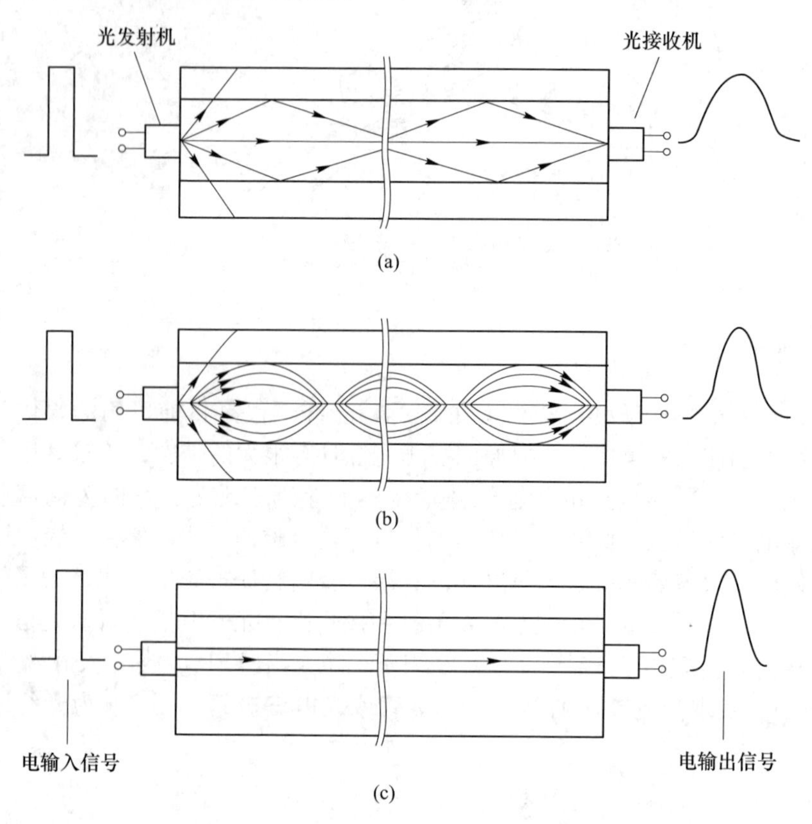

图2-5　光在多模光纤与单模光纤中的传输示意图
（a）多模突变型；（b）多模渐变型；（c）单模光纤

从上述三种光纤接收的信号看，单模光纤接收的信号与输入的信号更接近，多模渐变型次之，多模突变型接收的信号散射最严重，因而它所获得的速率最低。在网络工程中，一般为50μm/125μm（芯径/包层直径，美国标准）规格的多模光纤，只有在户外布线大于2km时才考虑选用单模光纤，常用单模光纤有（8μm/9μm/10μm）/125μm三种。

2.2.4　无线介质

传输介质除了同轴电缆、双绞线和光纤外，还可利用无线介质进行通信。无线 LAN 出现于 1990 年，由于价格相对较高，因此发展较为缓慢。但是近年来出现了移动上网、无线 Internet，尤其是 10MB 无线局域网络的推出，使无线网络出现了新的生机。

无线网络采用与有线网络同样的工作方法，它们按 PC、服务器、工作站、网络操作系统、无线适配器和访问点，通过无线传输介质建立网络。目前，无线通信传输主要手段是微波通信。微波通信是以微波收、发机作为计算机网络的通信信道。因为微波的频率很高，所以能够实现数据的高速率传输。人们以微波频段作为媒介，采用直序扩展频谱或跳频方式发射的传输技术，并以此技术制作了发射机、接收机，按照 IEEE802.3 以太网协议，开发了整套的计算机无线网络应用产品。

有了利用无线介质的无线网络，人们就可以在无线 HUB 的连接下，只要笔记本电脑上装有很小的无线网络收发装置，就可以在任何地方上网。但相对于有线网络，无线 LAN 的价格偏高，而且长期缺乏统一的标准（目前出现了 IEEE802.11），适用的软件少，传输速率不高，传输语音和图像时较为困难。

2.3　综合布线系统的配置标准

在进行智能建筑的工程设计时，可根据用户的实际需要和通信技术的发展趋势，选择适当的配置标准。目前，综合布线系统有三种不同类型的配置标准，见表 2-1。

表 2-1　综合布线系统的配置标准

配置标准	配置要求	性能特点
基本型	（1）每个工作区一般为一个水平布线子系统，有一个信息插座； （2）每个水平布线子系统的配线电缆是一条 4 对非屏蔽双绞线电缆； （3）每个工作区的干线电缆至少有 2 对双绞线； （4）接续设备全部采用夹接式的交接硬件	（1）支持话音、数据或高速数据系统使用； （2）成本较低，技术要求不高，日常维护管理简单； （3）采用气体放电管式过压保护和能够自动复位的过流保护
增强型	（1）每个工作区是独立的水平布线子系统，有两个以上的信息插座； （2）每个工作区的配线电缆是两条 4 对非屏蔽双绞线电缆； （3）每个工作区的干线电缆至少有 3 对双绞线； （4）接续设备全部采用夹接或插接	（1）每个工作区有两个以上的通信引出端，任何一个通信引出端的插座都支持语音、数据传输，灵活机动、功能齐全； （2）采用铜芯导线电缆和光缆混合组网； （3）可统一色标，按需要利用端子板进行管理； （4）采用气体放电管式过压保护和能够自动复位的过流保护

续表 2-1

配置标准	配置要求	性能特点
综合型	（1）在增强型基础上增设光缆系统，一般在建筑群子系统和垂直子系统上，根据需要采用多模光缆或单模光缆； （2）每个基本型或增强型的工作区设备配置，应满足各种类型的配置要求	（1）每个工作区有两个以上的信息插座，支持语音、数据等的信息传输； （2）采用以光缆为主，光缆与铜芯导线电缆混合组网方式； （3）利用端子板进行管理，使用统一色标

基本型配置适用于目前大多数的场合，因为具有要求不高，经济有效，且能适应发展，逐步过渡到高级别的特点，一般用于配置标准要求不高的场合。增强型配置能支持话音和数据系统使用，具有增强功能和适应今后发展特性，适用于中等配置标准的场合。而综合型配置具有功能齐全，能满足各种通信要求，适用于配置标准很高的场合，例如规模较大的智能建筑等。

所有基本型、增强型和综合型布线系统都能够支持语音/数据等系统，并能随着工程的需要转向更高功能的布线系统。它们的区别主要在于支持语音/数据服务所采取的方式有所不同，在移动和重新布局时线路管理的灵活性也不一样。随着多媒体技术的不断发展，对通信系统的性能要求不断提高，全光纤的综合型综合布线系统必然会得到广泛的应用。

2.4 综合布线系统的设计

2.4.1 综合布线系统的总体设计

智能建筑的综合布线系统设计是一项复杂的工作，首先进行的总体设计包括对系统进行需求分析、系统的整体规划设计、各子系统的规划设计及其他部分的设计。这个总体设计最好是与建筑方案设计同步进行。

2.4.1.1 对系统进行需求分析

现代智能建筑多是集商业、金融、娱乐、办公及酒店于一身的综合性的多功能大厦。建筑内各部门、各单位由于业务不同，工作的性质不同，对布线系统的要求也各不相同，有的对数据处理点的数量多一些，有的对通信系统却有特别的要求，在进行布线系统的总体设计时，作为布线系统总体设计的第一步，必须对建筑的种类、建筑的结构、用户的需求进行确定，结合信息需求的程度和今后信息业务发展状况，包括现在和若干年以后的发展要求都尽可能作详细深入的了解，在掌握了需求的第一手资料的基础上对需求作出分析。

2.4.1.2 系统规划

综合布线系统的系统规划，必须在仔细研究建筑设计和现场勘察布线环境后做出，其主要的工作有：

（1）规划公用信息网的进网位置、电缆竖井位置；

（2）楼层配线架的位置；

（3）数据中心机房的位置；

（4）PBX 机房的位置；

（5）与楼宇自动化系统的连接。

2.4.1.3　系统信息点的规划

布线系统信息点种类有：

（1）计算机信息点（数据信息点）。在规划计算机信息点时，必须根据各种不同情况分别处理：对于写字楼办公室，国内一般估算每个工作站点占地 5~10m^2，据此推算出每间写字楼办公室应用多少个计算机信息点；普通办公室按拥有一个计算机信息点设计；银行计算机信息点的密度要大一些；商场根据 POS 系统收款点布局来决定计算机信息点。

（2）电话信息点。每间写字楼办公室至少分配一条直拨电话线，内部电话信息点的分配密度较直拨电话信息点大，内线电话作为直拨电话的一种补充，要求有一定冗余。

（3）与 BAS 的接口。在考虑系统信息点的数量与分布时，建筑设备自动化系统中的接口必须也考虑在其中。目前，这些接口主要是：每楼层楼宇设备监控系统的接口，每楼层的消防报警系统的接口，每楼层的闭路电视监控系统的接口。

（4）信息点分布表。将上述工作的成果列表显示，全面反映建筑内信息点的数量和位置。

2.4.1.4　各子系统的设计

综合布线系统子系统的设计包括：工作区子系统的设计、水平子系统的设计、垂直子系统的设计、管理子系统的设计、设备间子系统的设计、建筑群子系统的设计，各子系统的设计要求详见本节后述。

2.4.1.5　附属或配套部分的设计

综合布线系统的附属或配套部分设计包括以下三个方面：

（1）电源设计。交直流电源的设备选用和安装方法（包括计算机、电话交换机等的电源）。

（2）保护设计。综合布线系统在可能遭受各种外界电磁干扰源的影响（如各种电气装置、无线电干扰、高压电线及强噪声环境等）时，采取的防护和接地等技术措施的设计。

综合布线系统要求采用全屏蔽技术时，应选用屏蔽缆线和屏蔽配线设备，在设计中应有详尽的屏蔽要求和具体做法（如屏蔽层的连续性和符合接地标准要求的接地体等）。

（3）土建工艺要求。在综合布线系统中设有设备间和交换间，设计中对其位置、数量、面积、门窗和内部装修等建筑工艺提出要求。此外，上述房间的电气照明、空调、防火和接地等在设计中都应有明确的要求。

2.4.2　综合布线系统的技术设计

综合布线系统的技术设计是在总体设计基础上进一步确定技术细节的详细设计，设计流程如图 2-6 所示。

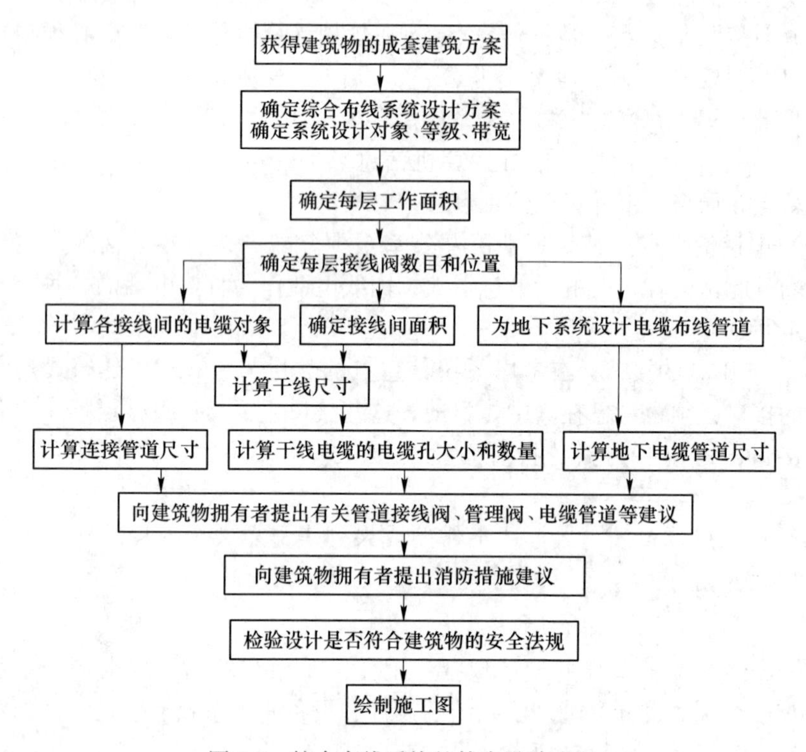

图 2-6　综合布线系统的技术设计流程

2.4.3　建筑群子系统的设计要求

主干传输线路方式的设计极为重要，在建筑群子系统应按以下基本要求进行设计：

（1）建筑群子系统设计应注意所在地区（包括校园、街坊或居住小区）的整体布局传输线路的系统分布，根据所在地区的环境规划要求，有计划地实现传输线路的隐蔽化和地下化。

（2）设计时应根据建筑群体的信息需求的数量、时间和具体地点，结合小区近远期规划设计方案，采取相应的技术措施和实施方案，慎重确定线缆容量和敷设路由，要使传输线路建成后保持相对稳定，且能满足今后一定时期内的扩展需要。

（3）建筑群子系统是建筑群体的综合布线系统的骨架。它必须根据小区的总平面布置（包括道路和绿化等布局）和用户信息点的分布等情况来设计，其内容包括该地区的传输线路的分布和引入各幢建筑的线路两部分。在设计时除上述要求外，还要注意以下要点：

1）线路路由应尽量短捷、平直，经过用户信息点密集的楼群。

2）线路路由和位置应选择在较永久的道路上敷设，并应符合有关标准规定和其他地上或地下各种管线以及建筑物间的最小净距的要求。除因地形或敷设条件的限制，必须与其他管线合沟或合杆外，通信传输线路与电力线路应分开敷设或安装，并保持一定的间距。

3）建筑群子系统的主干传输线路分支到各幢建筑的引入段，应以地下引入为主。如果采用架空方式（如墙面电缆引入），应尽量采取隐蔽引入，选择在建筑背面等不显眼的地方。

2.4.4　设备间子系统的设计要求

图 2-7 为设备间子系统示意图。

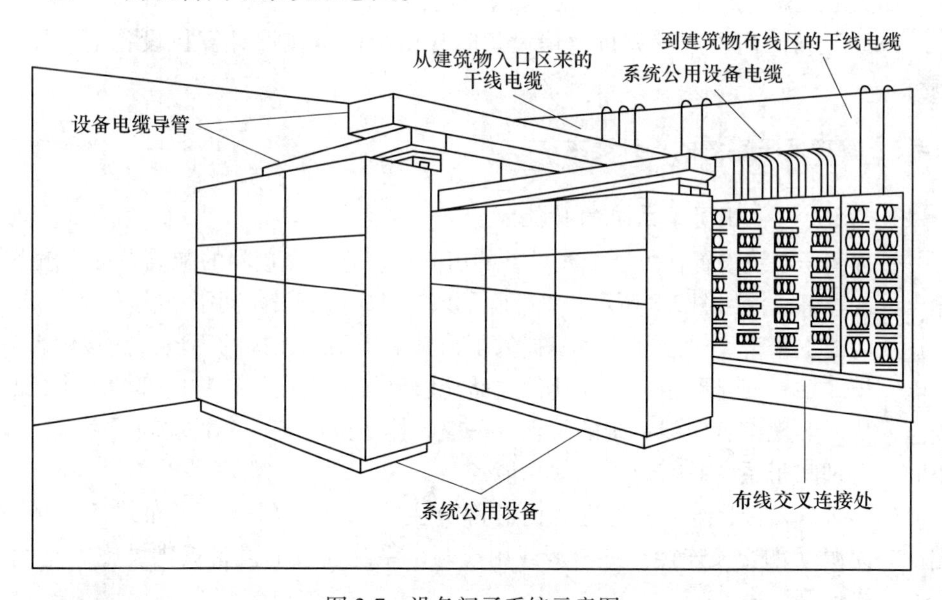

图 2-7　设备间子系统示意图

设备间子系统的设计应符合下列要求：

（1）设备间应处于建筑物的中心位置，便于垂直干线线缆的上下布置。当引入大楼的中继线线缆采用光缆时，设备间通常设置在建筑物大楼总高的（离地）1/4~1/3 楼层处。当系统采用建筑楼群布线时，设备间应处于建筑楼群的中心，并位于主建筑的底层或二层。

（2）设备间应有空调系统，室温应控制在 18~27℃之间，相对湿度应控制在 60%~80%，能防止有害气体（如 SO_2、H_2S、NH_3、NO_2）等侵入。

（3）设备间应安装符合国家法规要求的消防系统，应采用防火防盗门以及采用至少耐火 1h 的防火墙；房内所有通信设备都有足够的安装操作空间；设备间的内部装修、空调设备系统和电气照明等安装应满足工艺要求，并在装机前施工完毕。

（4）设备间内所有进线终端设备宜采用色标以区别各类用途的配线区。

（5）设备间应采用防静电的活动地板，并架空 0. 25~0. 3m 高度，便于通信设备大量线缆的安放走线。活动地板平均荷载不应小于 500kg/m^2。室内净高不应小于 2. 55m，大门的净高度不应小于 2. 1m（当用活动地板时，大门的高度不应小于 2. 5m），大门净宽不应小于 0. 9m。凡要安装综合布线硬件的部位，墙壁和天花板处应涂阻燃油漆。

（6）设备间的水平面照度应大于 150lx，最好大于 300lx。照明分路控制要灵活、方便。

（7）设备间的位置应避免电磁源的干扰，并设置接地装置。

（8）设备间内安放计算机通信设备时，使用电源按照计算机设备电源要求进行。

2. 4. 5 管理间子系统的设计要求

2. 4. 5. 1 管理间子系统的功能

管理间子系统设置在每层配线设备的房间内，它由交接间的配线设备、输入/输出设备等组成，如图 2-8 所示。管理间子系统可应用于设备间子系统。

从功能上来说，管理间子系统提供了与其他子系统连接的手段。交接使得有可能安排或重新安排路由，因而通信线路能够延续到连接建筑物内部的各个信息插座，从而实现综合布线系统的管理。每座大楼至少应有一个管理间子系统或设备间。管理间子系统具有以下三大功能：

（1）水平/主干连接。管理区内有部分主干布线和部分水平布线的机械终端，为无源（如交叉连接）或有源或用于两个系统连接的设备提供设施（空间、电力、接地等）。

（2）主干布线系统的相互连接。管理区内有主干布线系统不同部分的中间跳接箱和主跳接箱，为无源或有源或两个系统的互连或主干布线的更多部分提供设施（空间、电力、接地等）。

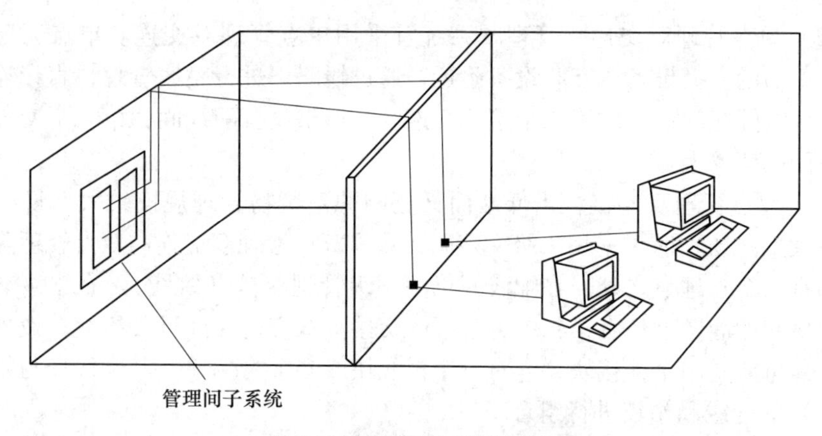

图 2-8 管理间子系统示意图

(3) 入楼设备。管理区设有分界点和大楼间的入楼设备，为用于分界点相互连接的有源或无源设备、楼间入楼设备或通信布线系统提供设施。

2.4.5.2 管理间子系统的交连形式

管理间子系统常见的交连形式有三种（见图 2-9）：

(1) 单点管理单交连，这种方式使用的场合较少。

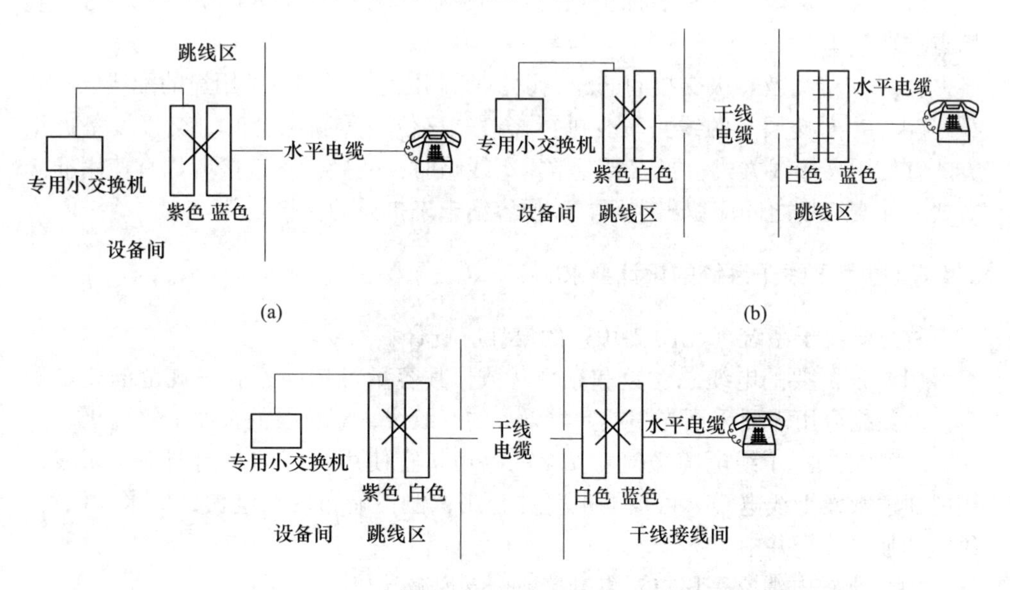

图 2-9 管理间子系统的三种交连形式

(a) 单点管理单交连方式；(b) 单点管理双交连方式；(c) 双点管理双交连方式

（2）单点管理双交连，管理子系统宜采用单点管理双交连。单点管理位于设备间里面的交换设备或互联设备附近，通过线路不进行跳线管理，直接连至用户工作区或配线间里面的第二个接线交连区。如果没有配线间，第二个交连可放在用户间的墙壁上。

（3）双点管理双连接，当低矮而又宽阔的建筑物管理规模较大、复杂（如机场、大型商场）时多采用二级交接间，设置双点管理双交连。双点管理除了在设备间有一个管理点之外，在配线间仍为一级管理交接（跳线）。在二级交接间或用户房间的墙壁上还有第二个可管理的交接。双交连要经过二级交接设备。第二个交连可能是一个连接块，它对一个接线块或多个终端块（其配线场与站场各自独立）的配线和站场进行组合。

2.4.5.3 管理间子系统的设计要求

在进行管理间子系统设计时，应遵守下列原则：

（1）管理间子系统在通常情况下宜采用单点管理双交连，交接场的结构取决于工作区、综合布线系统规模和所选用的硬件。在管理规模大、复杂、有二级交接间时，才设置双点管理双交接。在管理点，宜根据应用环境用标记插入条标出各个端接场。

（2）交接区应有良好的标记系统，如建筑物名称、建筑物位置、区号、起始点和功能等。

（3）交接间及二级交接间的配线设备宜采用色标区别各类用途的配线区。

（4）当对楼层上的线路较少进行修改、移位或重新组合时，交接设备连接方式宜使用夹接线方式；当需要经常重组线路时，交接设备连接方式宜使用插接方式；在交接场之间应留出空间，以便容纳未来扩充的交接硬件。

2.4.6 垂直干线子系统的设计要求

垂直干线子系统（见图 2-10）的设计应符合下列要求：

（1）所需要的电缆总对数和光纤芯数，其容量可按国家有关规范的要求确定。对数据应用需要采用光缆或 5 类以上的双绞线，双绞线的长度不超过 90m。

（2）应选择干线电缆短捷、安全的路由，宜使用带门的封闭型综合布线专用的通道敷设干线电缆。可与弱电竖井合用，但不能布放在电梯、供水、供气、供暖和强电等竖井中。

（3）干线电缆宜采用点对点端接或分支递减端接。

（4）如果需要把语音信号和数据信号引入不同的设备间，在设计时可选取不同的干线电缆或干线电缆的不同部分来分别满足不同路由的语音和数据的需要。

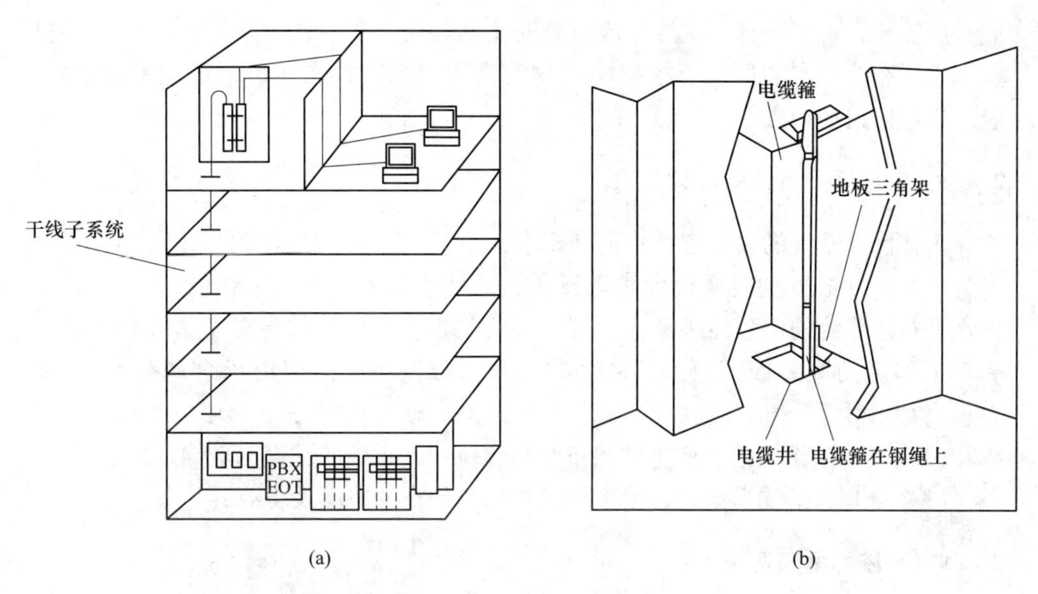

图 2-10 垂直干线子系统（a）和电缆井（b）示意图

2.4.7 水平子系统的设计要求

水平子系统（见图 2-11）由工作区的信息插座、楼层配线架（FD）、FD 的配线线缆和跳线等组成，其设计应遵照下列要求：

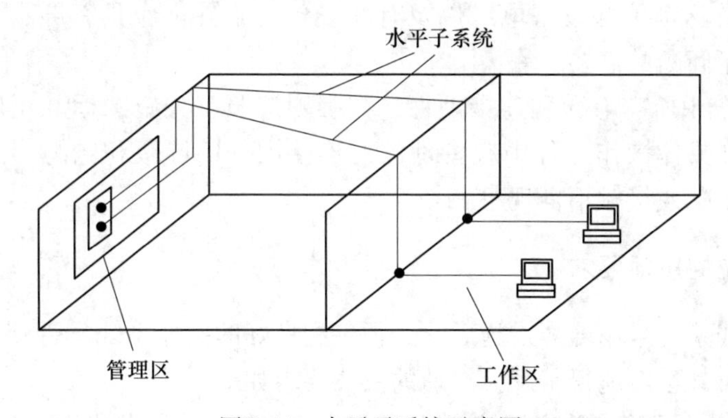

图 2-11 水平子系统示意图

首先根据智能建筑近期或远期需要的通信业务种类和大致用量等情况选用传输线路和终端设备。其次根据传输业务的具体要求确定每个楼层的通信引出端（即信息插座）的数量和具体位置。同时，对终端设备将来有可能发生增加、移动、拆除和调整等变化情况有所估计，在设计中对这些可能变化的因素应尽量在技术方案中予以考虑，力求做到灵活性大、适应变化能力强，以满足今后通信业务的需要，可以选择一次性建成或分期建成。

水平布线的安装形式可根据建筑物的具体情况选择在地板下或地平面中安装，也可以选择在楼层吊顶内安装。

2.4.8 工作区子系统的设计要求

工作区子系统的设计应符合下列要求：

（1）一个独立的需要设置终端设备的区域宜划分为一个工作区，工作区应由水平布线系统的信息插座延伸到工作站终端设备处的连接电缆及适配器组成。一个工作区的服务面积可按 $5\sim10\text{m}^2$ 估算，或按不同的应用场合调整面积的大小。

（2）每个工作区信息插座的数量和具体位置按系统的配置标准确定。

（3）选择合适的适配器，使系统的输出与用户的终端设备兼容。

2.4.9 系统的屏蔽要求

完整的屏蔽措施可以有效地改善综合布线系统的电磁兼容性，大大提高系统的抗干扰能力。采取屏蔽措施时，对于布线部件和配线设备的具体要求如下：

（1）在整个信道上屏蔽措施应连续有效，不应有中断或屏蔽措施不良现象。

（2）系统中所有电缆和连接硬件，都必须具有良好的屏蔽性能，无明显的电磁泄漏，各种屏蔽布线部件的转移阻抗应符合有关标准要求。

（3）工作区电缆和设备电缆以及有关设备的附件都应具有屏蔽性能，并满足屏蔽连续不间断的需要。

（4）系统中所有电缆和连接硬件，都必须按照有关施工标准正确无误地敷设和安装；在具体操作过程中应特别注意连接硬件的屏蔽和电缆屏蔽的终端连接，不能有中断或接触不良现象。

2.4.10 系统的接地要求

综合布线系统采用屏蔽措施后，必须装配良好的接地系统，否则将会大大降低屏蔽效果，甚至会适得其反。接地的具体要求如下：

（1）系统的接地设计应该按《工业企业通信接地设计规范》（GBJ 79—85）和相关的标准执行，接地的工艺要求和具体操作应按有关的施工规范办理。

（2）系统的所有电缆屏蔽层应连续不断，汇接到楼层配线架或建筑物配线架后，再汇接到总接地系统。

（3）汇接的接地设计应符合以下要求：

1）接地线路的路由应是永久性敷设路径并保持连续。当某个设备或机架需要采取单独设置或汇接时，应直接汇接到总接地系统，并应防止中断。

2）系统的所有电缆屏蔽层应互相连通，为各个部分提供连续不断的接地途径。

3）接地电阻值应符合有关标准或规范的要求，例如采用联合接地体时，接地电阻不应大于 10Ω。

（4）综合布线系统的接地宜与智能建筑其他系统的接地汇接在一起，形成联合接地或单点接地，以免产生两个及两个以上的接地体之间有电位差影响。若有两个系统的接地体时，要求它们之间应有较低的阻抗，同时，它们之间的接地电位差有效值应该小于 1V。如果不能保证接地电位差有效值小于 1V 时，应采取技术措施解决，例如采用光缆等方法。

2.5　综合布线系统与其他系统的连接

综合布线系统是以建筑环境控制和管理为主的布线系统。它是一个模式化的、灵活性极高的建筑布线网络，可以连接语音、数据、图像以及各种楼宇控制和管理设备。综合布线在智能建筑中的典型使用情况如图 2-12 所示，可以看出，智能建筑的各相关子系统都通过综合布线系统连接在一起了。

由图 2-12 中可以了解，正如本章开始介绍的那样，目前广泛使用的综合布线系统与建筑设备自动化系统的集成尚有距离，下面进一步介绍相关情况。

2.5.1　PDS 与建筑设备自动化系统

建筑设备自动化系统（BA）是智能建筑中的重要组成部分，通常是一个集中和分散相结合的计算机控制系统，简称集散型控制系统。当前，BA 系统都采用分层分布式结构。整个集散型控制系统分成三层，每层之间均有通信传输线路（又称传输信号线路）相互连接形成整体。因此，集散型控制系统结构是由第一层中央管理计算机系统、第二层区域智能分站（现场控制设备，即 DDC 控制器）和第三层数据控制终端设备或元件三层组成，如图 2-13 所示。

中央管理系统实施集中操作，还有显示、报警、打印与优化控制等功能。智能分站通过传输信号线路和传感元件对现场各监测点的数据定期采集，将现场采集的数据及时传送到上位管理计算机；同时，接收上位管理计算机下达的实施指令，通过信号控制线控制执行元件动作，完成对现场设备进行控制。传感元件和执行元件称为终端设备，传感元件对温度、湿度、流量、压力、有害气体和火灾检测等监测对象进行检测，执行元件对水泵、阀门、控制器和执行开关等进行调节或开关。

当前，综合布线系统与 BA 系统的集成工作，主要体现在如何确定综合利用的通信线路和安装施工协调两方面。

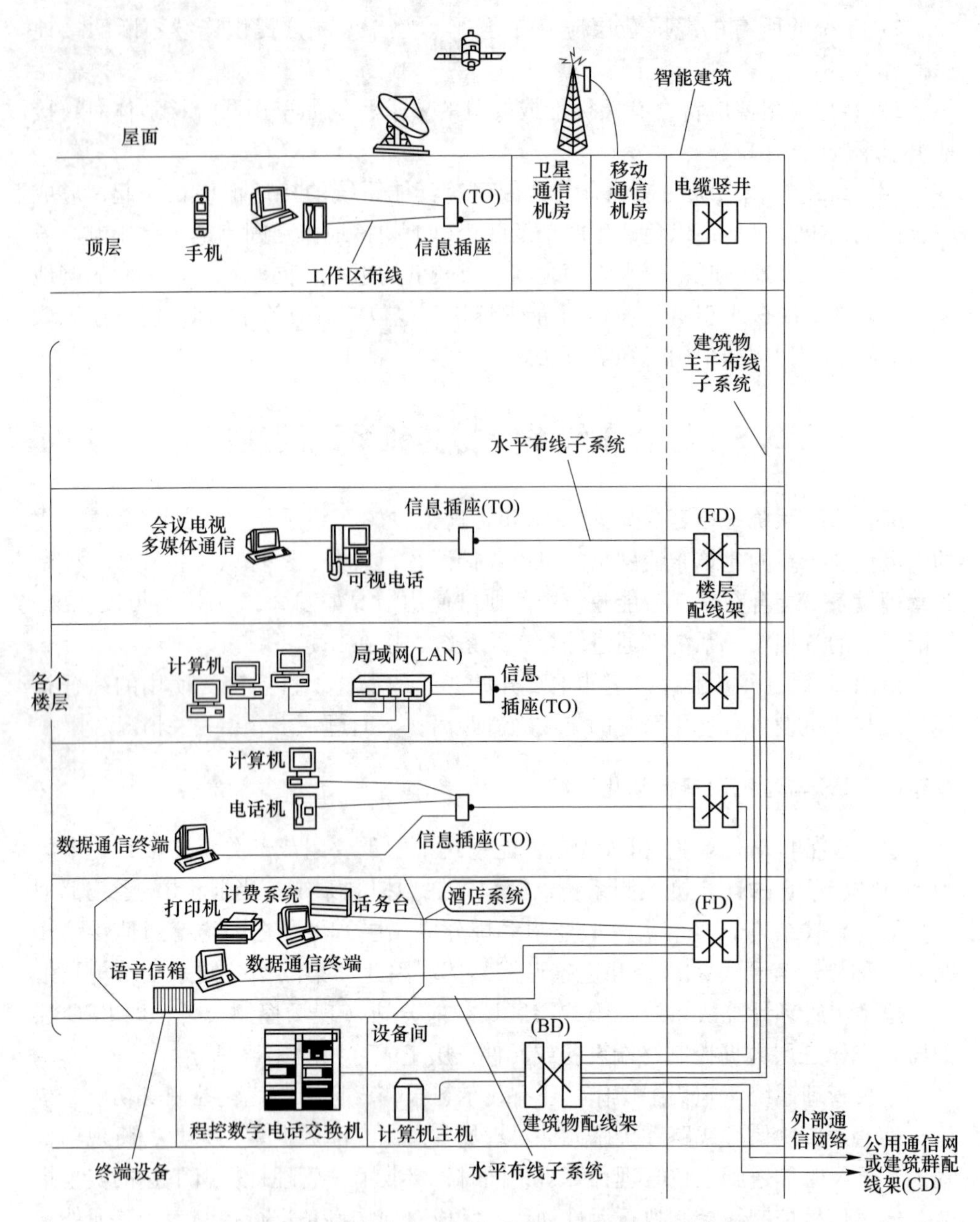

图 2-12　综合布线在智能建筑中的典型应用示意图

2.5.1.1　BA 系统的通信线路

目前，在建筑设备自动化控制系统各子系统中常用的线缆类型，主要有电源线、传输信号线路和控制信号线三种：电源线一般采用铜芯聚氯乙烯绝缘线；传输信号线通常采用 50Ω、75Ω、93Ω 等同轴电缆和双绞线等，有非屏蔽（UTP）

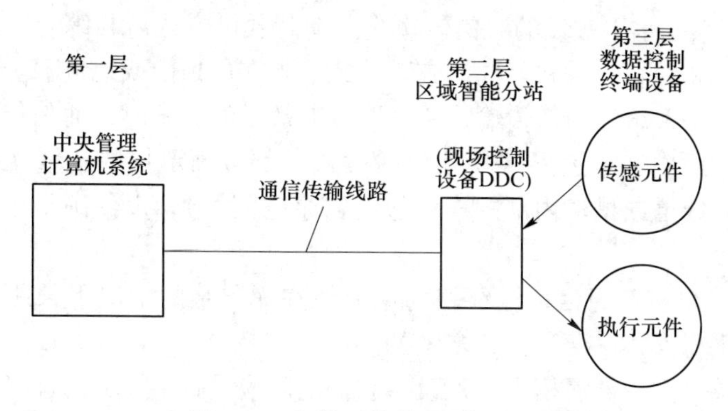

图 2-13 集散型控制系统的组成

或屏蔽（STP）两种类型；控制信号线一般采用普通铜芯导线或信号控制电缆。由此可见，BA 系统所用的线缆类型只有传输信号线路可与综合布线系统综合利用，这种技术方案也能简化网络结构，降低工程建设造价和日常维护费用，方便安装和管理工作。此时，应统一线缆类型、品种和规格，并注意：

（1）建筑自动化系统品种类型较多，有星型、环型和总线型等不同的网络拓扑结构，其终端设备使用性质各不相同，且它们的装设位置也极为分散。而综合布线系统的网络拓扑结构为星型，各种缆线子系统的分布并不完全与各个设备系统相符，因此在综合布线系统设计中不能强求集成，而应结合实际有条件地将部分具体线路纳入综合布线系统中。

（2）按照国家标准规定要求火灾报警和消防专用的信号控制传输线路应单独设置，不得与 BA 系统的低压信号线路合用。因此，在综合布线系统中这些线路也不应纳入。

（3）BA 系统如在传输信号过程时，有可能产生电缆线路短路、过压或过流等问题，必须采取相应的保护措施，不能因线路障碍或处理不当，将交直流高电压或高电流引入综合布线系统而引发更严重的事故。

当利用综合布线系统作为传输信号线路时，PDS 通过装配有 RJ-45 插头的适配器与建筑环境控制与监测设备的网络接口或直接数字控制器（DDC）设备相连。经过综合布线系统的双绞线和配线架上多次交叉连接（跳接）后，形成建筑设备自动化系统中的中央集中监控设备与（分散式）直接数字控制设备之间的链路。此时，（分散式）直接数字控制设备与各传感器之间也可以利用综合布线系统中的线缆（屏蔽或非屏蔽）和 RJ-45 等器件构成连接链路。

2.5.1.2 PDS 与 BA 系统的施工协调

智能建筑中 BA 系统的信号传输线路利用综合布线时，其线路安装敷设应根据所在的具体环境和客观要求，统一考虑选用符合工艺要求的安装施工方法。主要注意以下几点：

(1) BA 系统水平敷设的通信传输线路，其敷设方式可与综合布线系统的水平布线子系统相结合，采取相同的施工方式，如在吊顶内或地板下。

(2) 当 BA 系统的通信传输线路采取分期敷设的方案时，通信传输线路所需的暗敷管路、线槽和槽道（或桥架）等设施，都应预留扩展余量（如暗敷管路留有备用管、线槽或槽道内部的净空应有富余空间等），以便满足今后增设线缆的需要。

(3) 应尽量避免通信传输线路与电源线在无屏蔽的情况下长距离墙平行敷设。如必须平行安排，两种线路之间的间距宜保持 0. 3m 以上，以免影响正常信号传输。如果在同一金属槽道内敷设，它们之间应设置金属隔离件（如金属隔离板）。

(4) 在高层的智能建筑内，建筑自动化系统的主干传输信号线路，如客观条件允许时，应在单独设置通信和弱电线路专用的电缆竖井或上升房中敷设；如必须与其他线路合用同一电缆竖井时，根据有关设计标准规定保持一定的间距。

(5) 在一般性而无特殊要求的场合，且使用双绞线的，应采用在暗敷的金属管或塑料管中穿放的方式；如有金属线槽或带有盖板的槽道（有时为桥架）可以利用，且符合保护线缆和传送信号的要求时，可以采取线槽或槽道的建筑方式。所有双绞线、对称电缆和同轴电缆都不应与其他线路同管穿放，尤其是不应与电源线同管敷设。

2. 5. 2 PDS 与电话系统

传统两芯线电话机与综合布线系统之间的连接通常是在各部电话机的输出线端头上装配一个 RJ-11 插头，然后将其插在信息出线盒面板的 8 芯插孔上就可使用。在 8 芯插孔外插上连接器（适配器）插头后，就可将一个 8 芯插座转换成两个 4 芯插座，供两部装配有 RJ-11 插头的传统电话机使用。采用连接器也可将一个 8 芯插座转换成一个 6 芯插座和一个 2 芯插座，供装有 6 芯插头的电脑终端以及装有 2 芯插头的电话机使用。此时，系统除在信息插座上装配连接器（适配器）外，还需在楼层配线架（1DF）上和在主配线架（MDF）上进行交叉连接（跳接），构成终端设备对内或对外传输信号的连接线路。

数字用户交换机（PABX）与综合布线之间的连接是由当地电话局中继线引入建筑物的，经系统配线架（交接配线架）外侧上的过流过压保护装置后，跳接至内侧配线架与用户交换机（PABX）设备连接。用户交换机与分机电话之间的连接，是由系统配线架上经几次交叉连接（跳接）后形成的。

建筑物内直拨外线电话（或专线线路上通信设备）与综合布线系统之间的连接是由当地电话局直拨外线引入建筑物后，经配线架外侧上的过流过压保护装置和各配线架上几次交叉连接（跳接）后构成直拨外线电话线路，如图 2-14 所示。

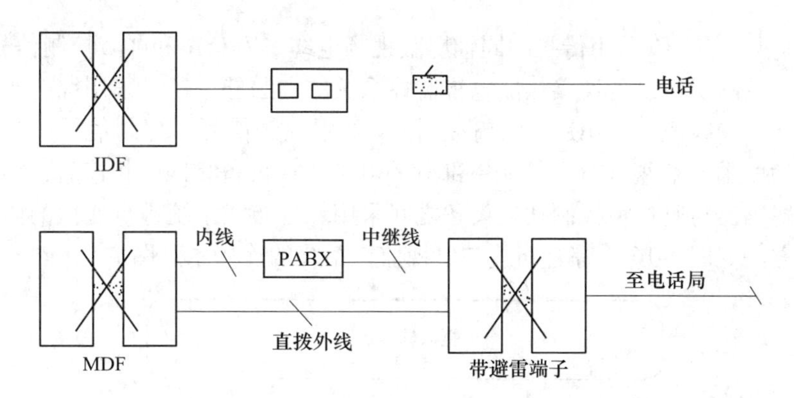

图 2-14 综合布线与外线电话的连接示意图

2.5.3 PDS 与计算机网络系统

计算机网络与综合布线系统之间的连接，是先在计算机终端扩展槽上插上带有 RJ-45 插孔的网卡，然后再用一条两端配有 RJ-45 插头的线缆，分别插在网卡的插孔和布线系统信息出线盒的插孔，并在主配线架上与楼层配线架上进行交叉连接或直接连接后，就可与其他计算机设备构成计算机网络系统。图 2-15 为综合布线与计算机网络的连接示意图。

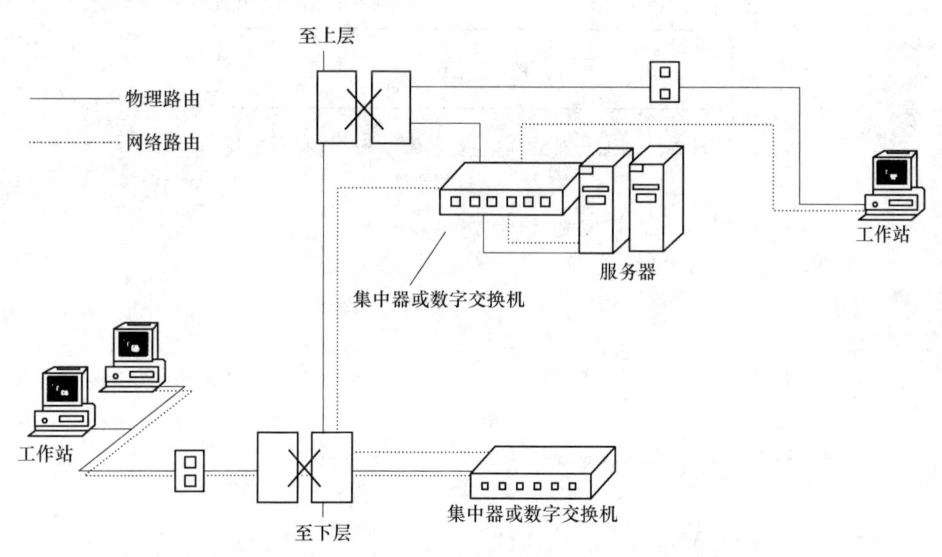

图 2-15 综合布线与计算机网络的连接示意图

2.5.4 PDS 与电视监控系统

电视监控系统中所有现场的彩色（或黑白）摄像机（附带遥控云台及变焦

镜头的解码器），除采用传统的同轴屏蔽视频电缆（75Ω）和屏蔽控制信号电缆，与控制室控制切换设备连接构成电视监控系统的方法外，还可采用综合布线系统中非屏蔽双绞线缆（100Ω）为链路，以及采用视频信号、控制信号（如 RS232 标准）适配器与监视部分、控制室部分的电子监控设备相匹配相连后，构成各摄像机及解码器与监控室控制切换设备之间采用综合布线系统进行通信的监控电视系统的方法。图 2-16 为综合布线与电视监控系统的连接示意图。

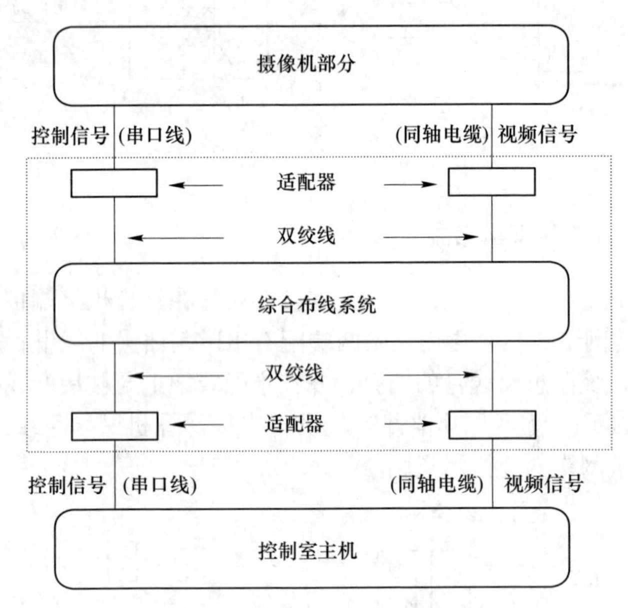

图 2-16　综合布线与电视监控系统的连接示意图

3 智能建筑自动化系统

建筑设备自动化系统，简称为建筑/楼宇自动化系统（BAS），是智能建筑必不可少的基本组成部分，是采用计算机技术、传感器技术和自动化控制技术对建筑物内多而散的设备、设施实行监视、管理和自动控制，使各个子系统既可以独立工作，也可以将多个子系统结合为一个整体，实现全局的最优化控制和管理。

BAS 系统既可以为人们提供安全保证和舒适宜人的生活与工作环境，又可以提高系统运行的经济效益，即使在非智能建筑中的应用也很普遍。近年来，伴随着新技术的进步，建筑自动化系统也得到很大发展。本章将在第 2 章所介绍的设备控制基础上，对建筑设备自动化系统的构成及各子系统的原理、功能做进一步的介绍。

3.1 建筑自动化系统的概述

3.1.1 系统构成

建筑自动化系统是采用计算机技术、自动控制技术和通信技术组成的高度自动化的建筑物设备综合管理系统，当前正处于不断发展和完善之中，主要负责对建筑物内许多分散的建筑设备进行监视、管理和控制，其监控的范围很大、涉及的面也很宽。建筑自动化系统主要包括：

（1）电力供应系统，包括高压配电、变电、低压配电、应急发电。

（2）建筑环境控制系统，包括空调及冷热源、通风环境监测与控制、给水排水、卫生设备、污水处理和照明系统。

（3）交通运输系统，包括电梯控制和停车场管理两个子系统，负责对电梯的运行进行监控和对停车场进行自动化收费管理。

（4）智能防火系统，由火灾的自动检测与报警、灭火、排烟、联动控制和紧急广播等子系统组成，是一种能够及时发现和通报火情，并采取有效措施控制扑灭火灾而设置在建筑物中或其他场所的自动消防设施。

（5）智能安防系统，由防盗报警、电视监控、出入控制和确认分析及电子巡更等子系统组成，可以有效防止各种偷盗和暴力事件，是一个多层次、立体化的安防系统。

（6）广播系统，主要由广播电台和连接到建筑物内外的扬声器组成，主要用于播放背景音乐和事故广播。

随着技术的发展，建筑自动化系统的内容也会不断丰富。智能建筑的核心是系统集成，因此建筑自动化系统应尽可能将以上各个子系统通过综合布线系统进行联网运行。

3.1.2 系统的控制方式

3.1.2.1 DCS 集散控制

由本书第 1 章介绍已知，在工业控制领域中发明的集散控制系统，在 20 世纪 80 年代引入到 BAS 中，逐渐成为 BAS 的主流技术，集散系统是“一种多机组成的、逻辑上具有分级管理和控制功能的分级分布式系统，由一个中央站和若干个分站组成”。配有微处理机芯片的 DDC 分站，可以独立完成所有控制工作，具有完善的控制、显示功能和节能管理、时间程序，可以连接打印机、安装人机接口等，所以，集散系统改进了中央监控系统的可靠性，中央站能否正常不会影响分站工作，因此 BAS 具有分布式智能化管理功能。

DCS 的网络结构是环型或总线型，在这两种结构的网络中，各节点平等，任意两个节点之间的通信可以直接通过网络进行，而不需要其他节点的介入；但同时需要共享传输介质，主要解决方法是以令牌来限定每个节点使用网络的时间，另一种则是采用载波侦听与碰撞检测技术（CSMA/CD）。相关概念的解释见第 4.5 节。

现场控制站是完成对过程现场 I/O 处理的直接数字控制器（DDC），它对现场发生的过程量作数字采集和存储，并通过网络向上传送，同时本身也完成局部的闭环控制与顺序控制。操作员站的主要功能是为系统运行的操作人员提供人机界面，使操作员了解现场运行状态，同时操作员也可对过程进行调节和控制，操作员站的主要设备是彩色 CRT 显示器、键盘、鼠标器或轨迹球，工程师站则用于对 DCS 进行离线的配置、组态工作和在线的系统监督、控制、维护。

由于 DCS 系统采用大系统分级递阶控制的思想，将生产过程作水平分解而将功能作垂直分解，生产过程的控制采用全分散的结构，而生产过程的信息则全部集中并存储于数据库中，利用通信网络向上传递，这种控制分散、信息集中的结构使系统的危险分散，提高了可靠性，因而被称之为集散控制系统。它使用分布在被控建筑设备现场的直接数字控制器（DDC）对设备实行实时监测、控制，可以克服计算机集中控制带来的危险性高度集中和常规仪表控制功能单一的局限性。图 3-1 是在图 2-13 的基础上，进一步示出了按设备功能组织的集散型控制系统。

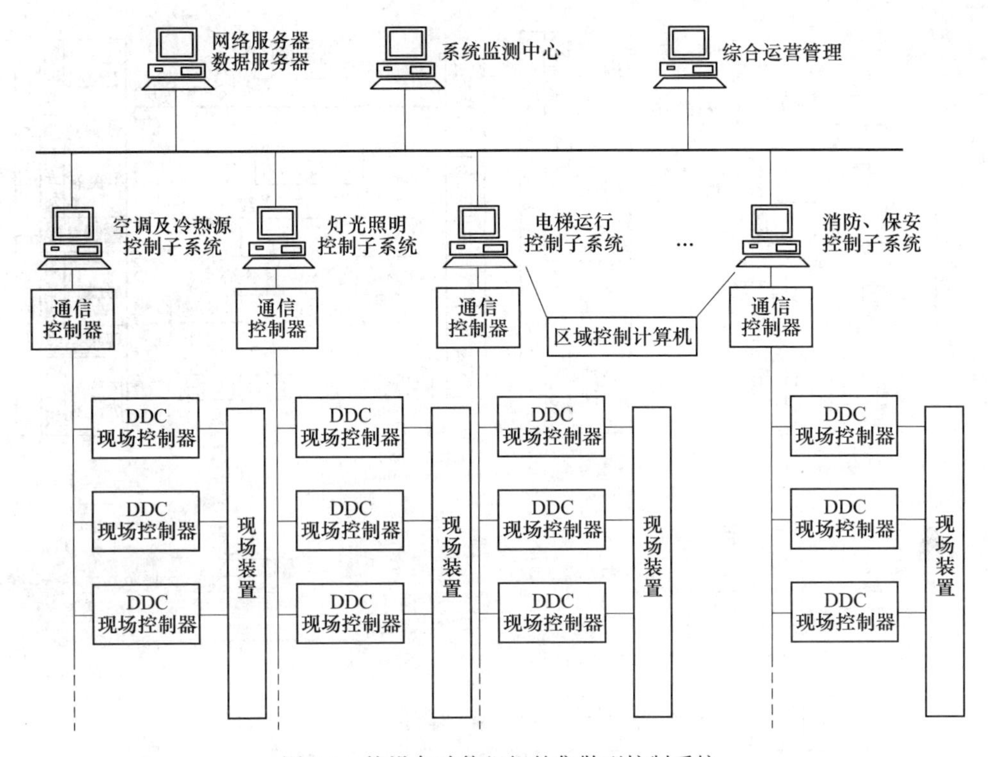

图 3-1 按设备功能组织的集散型控制系统

3.1.2.2 FCS 现场总线控制

DCS 虽然称为分布式控制，但它的测控层并没有实现彻底分布，控制依赖于控制站。而现场总线控制（FCS，Fieldbus Control System）系统结构是全分散式的，它将 DCS 中现场信息的 4~20mA 模拟量信号传输变为全数字双向多站的数字通信，成为全数字化系统，放弃了传统的集散控制系统所必需的输入/输出模块和现场控制站。其结构模式是“工作站—现场总线控制器”两层结构，FCS 用两层结构完成了 DCS 三层结构功能，降低了成本，提高了可靠性。图 3-2 示出了 DCS 和 FCS 的异同。

由此可见，现场控制总线是连接智能现场设备和自动化系统的数字式、双向传输多分支结构的通信网络，是建筑智能化控制系统真正实现“集中管理”和“分散控制”的重要通信工具。在 20 世纪 90 年代出现现场总线之后，现场控制站已向总线结构发展，其控制功能进一步分散到现场设备上，而现场控制站的主 CPU 则越来越像一个通信控制器，所以可以说，FCS 是 DCS 应用总线技术，将向更加分散化的方向发展的结果。

在现场总线控制系统中，LonWorks 技术和 BACnet 技术是目前智能建筑发展用于楼宇设备控制中的较多选择。

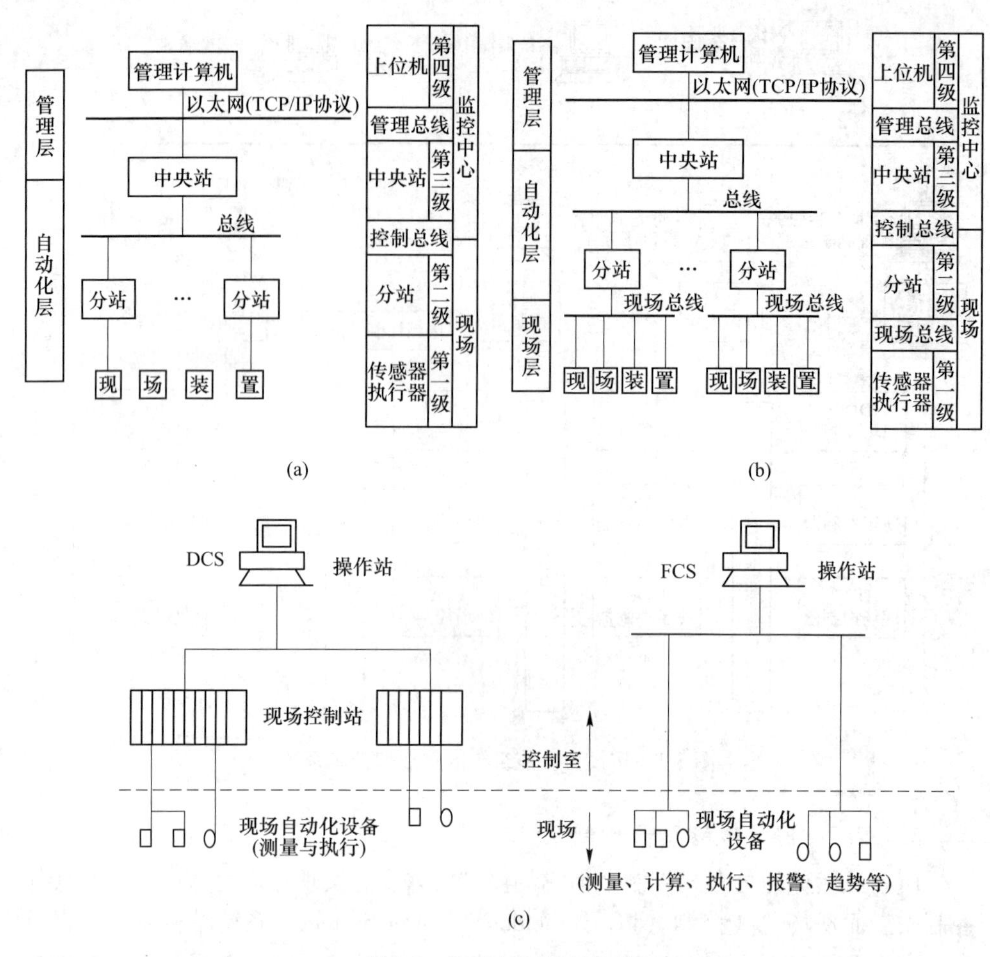

图 3-2 DCS 与 FCS 的比较

（a）集散式控制系统体系结构图；（b）现场总线式控制系统体系结构图；（c）DCS 和 FCS 的连接结构

A LonWorks

LonWorks 是目前技术上较为全面的一种总线技术，被誉为通用的控制网络。其网络协议是完全开放的，通信不受通信介质的限制，它所支持的介质是现场总线中最多的，并且多种介质可以在同一网络中混合使用，这使它在楼宇设备控制中具有最好的适应性。

建筑智能化系统的构成可分为上下两层：上层是信息网（属信息域），下层是控制网（属控制域）。信息网的基本功能是完成信息的发送、传输和接收，实现文本、声音、图像、电视信息的传递。控制网又称为测控网，主要是作为过程自动化、制造自动化、楼宇自动化等领域现场自动控制设备之间互连的通信和控制网络，最终实现各系统现场的仪表、传感器、执行器、被控设备等的联网通信、测量和控制。控制网强调的是信息传递后的控制和执行，如实现各种基本控制、校正、报警、显示、测量、监控及控管一体化的综合自动化功能。它实质上是一个完成自动控制任务的网络通信系统与控制系统，是自动化与信息技术融合的产物。

LonWorks 的通信除支持传统的主从式外，还支持对等式的通信方式。网络结构不受限制，可以支持自由拓扑。由于网络通信采用了面向对象的设计方法，提出了网络变量的概念，使网络通信的设计简化为参数设置，既节省了大量的设计工作量，也增加了通信可靠性。使用双绞线连接，通信速率为 78Kb/s 时，其直接通信距离可达 2700m，非常适合大楼和住宅小区范围内的信号采集和数据传送，并且在其网络上的节点数可达到 32000 个。由于 LonWorks 技术具备上述优点，这一技术已在测量及控制的各个领域中广泛采用，也被多个标准化组织所承认，它已被 EIA 定义为家庭控制网络的标准，被美国暖通空调工程师协会（ASHRAE）采纳作为其 BACnet 标准的组成部分，使之成为楼宇自动化和家庭自动化中公认的技术标准。

B　BACnet

BACnet 标准的制定源于建筑业主和管理人员对于建筑控制系统互操作性的普遍需求，互操作性是指能够将不同品牌、不同建筑系统或相关的设备集成在一个自动化控制系统中。为了达到这个目的，经过 9 年的研究，ASHRAE（美国暖通空调工程师协会）标准计划委员会在 1995 年发表了行业 BACnet 标准，不久又被美国国家标准委员会（ANSI）正式批准为国家标准。然后它成为北美、欧洲和日本、韩国的国家标准，并在 2003 年成为国际标准 ISO 16484—5。

目前世界上已有数百家国际知名厂家支持 BACnet，它确立了不必考虑生产厂家，只要遵循其标准，各种兼容系统在不依赖任何专用芯片组的情况下，相互开放通信的基本原则。BACnet 是一种通信协议标准，因此不受制于任何一家国外企业，厂家可以依照该标准开发自己的产品，并可拥有自己的知识产权。

在此，顺便介绍目前几种主流开放式协议标准的关系，其中最突出的是 LonTalk、BACnet 和 TCP/IP。TCP/IP 是信息网（信息域）的协议；BACnet 由美国暖通空调工程师协会（ASHRAE）综合几种局域网 LAN 的协议而制定的，它也是信息网（信息域）的协议；只有 LonTalk 是控制网（控制域）的协议。它们的侧重、目标和实现方法上有极大的不同，它们之间的关系主要是互补。很多国家标准和国际大公司产品中提倡的多层结构：由 BACnet 或 TCP/IP 构成上层，用 LonTalk 构成下层，形成一种优势互补的组合模式，这种模式在 21 世纪初已成为先进控制技术的主流。

3.1.2.3　网络集成系统

进入 21 世纪后，随着企业网 Intranet 的建立，建筑设备自动化系统逐渐采用 Web 技术，把 BAS 中央站嵌入 Web 服务器，融合 Web 功能，以网页形式的工作模式，使 BAS 与 Intranet 成为一体化系统，如图 3-3 所示。企业网的授权客户，可以通过浏览器监控管理服务建筑的设备，从而使传统独立的控制系统 BAS 成为企业网的一部分，进而和传统独立的管理系统协调一致地工作，实现控制管理一体化。

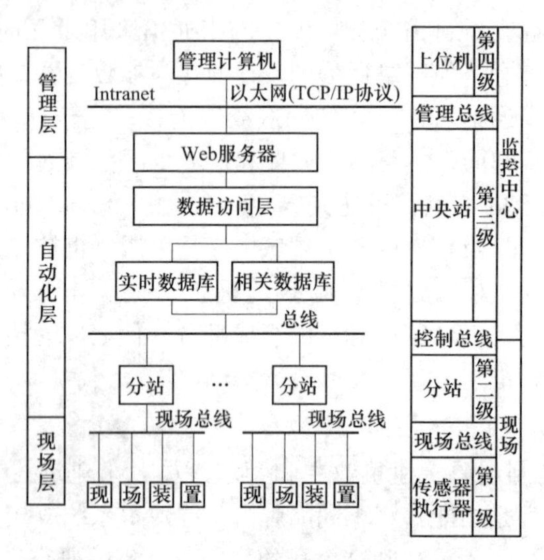

图 3-3　网络结构系统体系结构

网络 Web 化使得 BAS 从客户机/服务器计算模式转变成为浏览器/服务器计算模式，引起 BAS 结构发生改变，第一个变化就是传统的 BAS 服务器变成了三层结构，这是由于嵌入 Web 服务器造成的结果。从图 3-4 中可以看出这三层是由

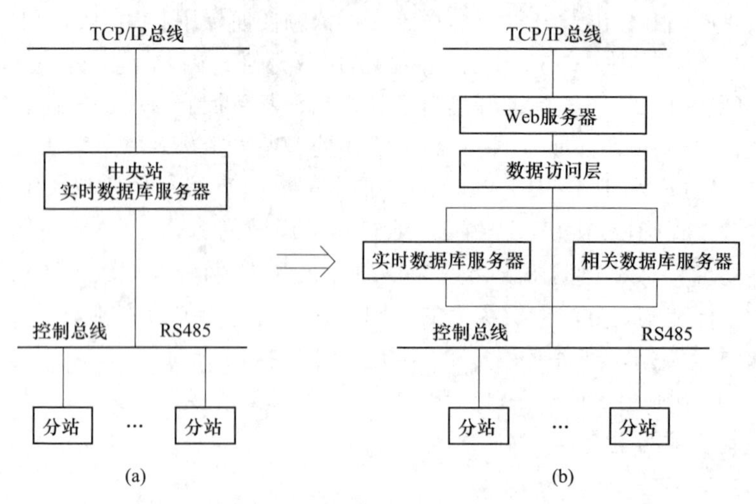

图 3-4　从传统 BAS 到 Web 化 BAS

（a）传统 BAS；（b）Web 化 BAS

Web 服务器层、数据访问层和数据库层组成，其中第二层是虚拟层，用于连接各种事务访问实时数据库和相关数据库的数据存取。第二个变化就是 Web 化的 BAS 增加了相关数据库，这是因为事务管理信息和决策支持信息都是存储在相关数据库中。由于事务过程配置 SQL Server 和决策支持配置 SQL Server 完全不同，所以，如果办公自动化还要求决策系统，需要两个单独的互相联系的 SQL Server 相关数据库。

3.1.3 BAS 中的关键技术

3.1.3.1 直接数字控制器（DDC）

直接数字控制是以微处理器为基础，不借助模拟仪表而将系统中的传感器或变送器的输出，输入到微型计算机中，经微机计算后直接驱动执行器的控制方式，简称 DDC(Direct Digital Control)，这种计算机称为直接数字控制器，安装在被控制设备旁。各种被控制的变量（温度、湿度、压力等）通过传感器或变送器按一定时间间隔取样的方式读入 DDC 控制器，读入的数值与 DDC 控制器记忆的设定值进行比较，当出现偏差时，按照预先设置的控制规律，计算出为消除偏差执行器需要改变的量，来直接调整执行器的动作。DDC 控制器中的 CPU 运行速度很快，它能在很短的时间间隔内完成一个回路的控制。因此它可以分时控制多个回路，故一个 DDC 控制器可以代替多个控制仪表。DDC 控制器型号规格不同，其输入输出总点数不同，可以完成不同规格的建筑电气设备的控制，其工作原理如图 3-5 所示。

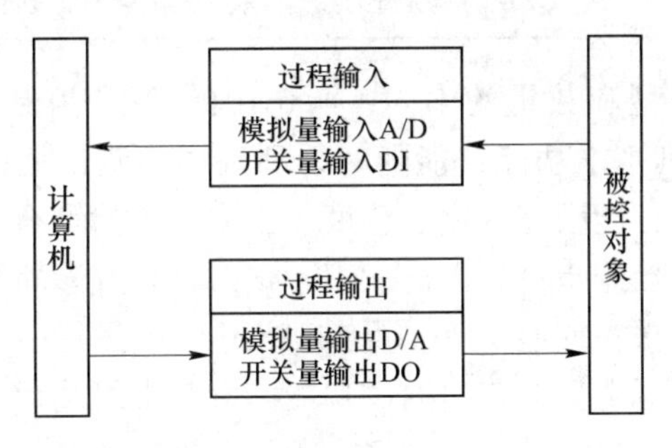

图 3-5　直接数字控制 DDC

使用现场直接数字控制器（DDC）实行控制，就不需要常规仪表的中间环节（如调节器等），可以由计算机通过控制信号线输出指令，直接控制现场执行机构（如调节阀等）。DDC 具有可靠性高、控制功能强、可编写程序及局部数据处理等功能，既能独立监控有关设备，又可联网并通过中央/上位管理计算机接受统一监控与优化管理，减少了中央/上位管理计算机的工作。在图 3-5 中，还显示了现场控制器输入、输出信号的四种类型：

AI：模拟量输入，如温度、湿度、压力等，一般为0~10V或4~20mA信号；

AO：模拟量输出，作用于连续调节阀门、风门驱动器，一般为0~10V或4~20mA信号；

DI：数字量输入，一般为触电闭合、断开状态，用于起动、停止状态的监视和报警；

DO：数字量输出，一般用于电动机的起动、停止控制，两位式驱动器的控制等。

建筑设备监控系统中依据受控对象的监控性质，监控点的类型见表3-1。

表3-1 监控点类型

监控点类型	监 控 内 容
显示型	（1）设备运行状态的检测与显示； （2）报警状态的检测与显示； （3）其他需要进行监视的情况显示
控制型	（1）设备节能运行控制； （2）运行工况的优化控制； （3）设备运行程序控制，包括按时间控制设备的运行或关断的时间程序控制，按工艺要求或能源供给的负荷能力控制设备起或停的运行控制
记录型	（1）状态检测与汇总表的输出； （2）运行趋势记录输出； （3）积算报表生成（运行时间积算记录、动作次数积算记录和能耗记录等）； （4）显示监视中发现的有价值的数据与状态的记录及需要的日报、月报表格的生成

根据监控点的类型和数量的不同，所选用的DDC控制器的功能有所不同，但DDC多应具备下列基本功能：能随时得到现场的测量值；能随时显示、修改各种预设控制参数值；能根据温度、湿度、压力、压差等参数的控制要求和现场测量数据，自动输出控制指令，无需人工干预；具有自诊断及现场诊断功能，发生故障时，能够自动报警或显示等；可自动校正长期运行中放大的漂移等引起的测量误差；具有数据掉电保护与自启动功能；可对机组进行手动与自动切换；通信功能，例如设有现场总线的通信接口，既可单机自动运行，又可与中央管理计算机组成集散型控制系统；具有一定抗电磁干扰性能。

3.1.3.2 网络控制器

据前所述，可把楼宇自控系统BAS看作三级控制方式：中央操作站、网络控制器和现场控制。网络控制器是BAS系统通信网络的重要装置。如图3-6所示，它一方面通过以太网与操作站及其他网络控制器联系，另一方面通过现场总线网络与分布在大厦各处的直接数字控制器通信。在网络控制器中存放在整个系统所有的信息，网络控制器具有多种控制功能，如各种机电设备的运行时间统计、事件统计、电力负荷削峰限载计算、联动控制、机组群控等复杂的高性能控制功能，对整个 BAS 系统进行监控。同时，网络控制器又是将各个分系统接入 BAS 系统进行设施集成的重要接口。

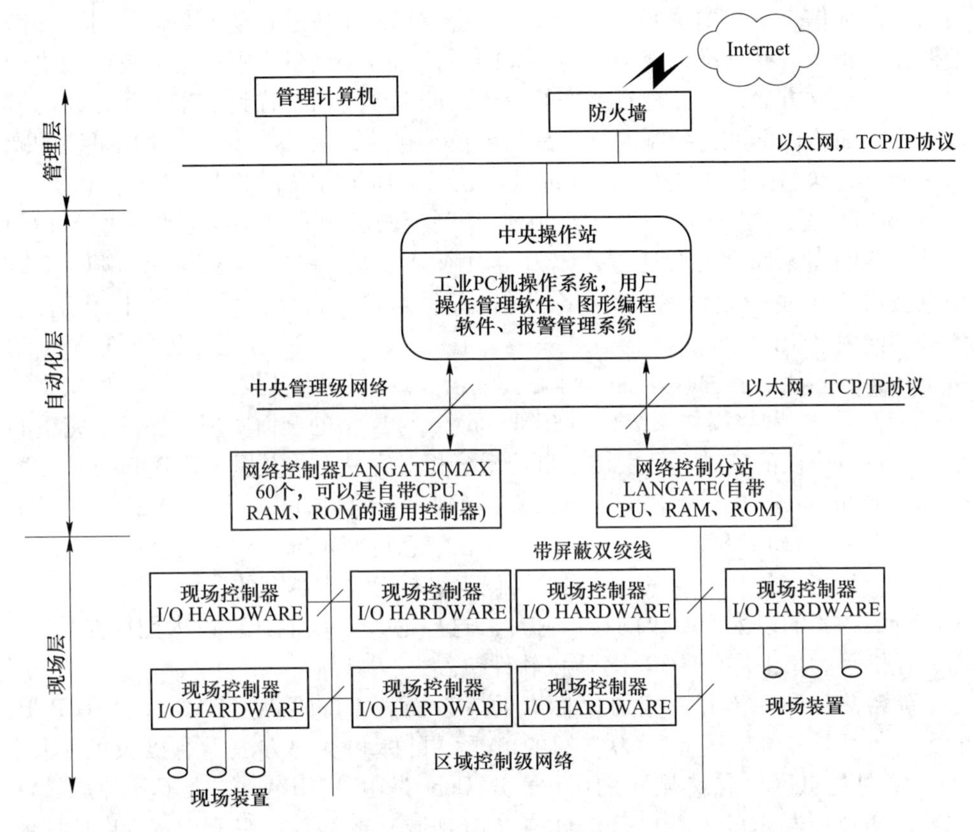

图 3-6 网络控制器在控制网络中的位置和作用示意图

3.1.3.3 组态软件

组态软件（Configuration Software）是系统操作和管理工程师与 DDC 之间的可视化的界面（联系渠道）。从其功能划分来看，大致可分为人机界面（MMI，Man Machine Interface）组态和 DDC 组态，目前一般商用组态软件的大部分功能是针对通用性较强的人机界面组态。组态软件负责将通过图形组态（可视化图形编程）生成的 DDC 控制策略转换为 DDC 能理解并执行的实时 C 语言，经过编译以后，通过一定的传输协议传送给 DDC，允许用户为实现监控制定以及修改监控界面；负责接收 DDC 发出的报警信息及进行必要的处理，并通知有关各方，该报警信息由操作工程师确认后，发出必要的联动控制信息。在无人值守时，也可根据程序自动进行。

3.1.3.4 控制网络与数据传输协议

数据传输协议（Data Communication Protocol）是楼宇自动化系统实现开放性、互操作性（InterOperability）及标准化（Standardization）的关键，因为单个设备的内部信息不需要公开，只有该项设备与其他设备进行联系与通信时，才需要制定并符合一些标准，否则将会无共同语言，该项设备将不能构成控制网络的一部分。在这方面，业界已有很多的论述，但至今还没有找到大家一致公认的协议标准，而协议标准与控制网络又是联系在一起的，从目前楼宇自动化系统的现状来看，公认的协议大致有：BACnet 协议、LonTalk 协议和工业以太网协议。

LonTalk 是美国 Echelon 公司于 1992 年制定的控制网络协议标准，并于 1999 年获得美国国家标准协会通过，成为美国国家标准，编号为 ANSI/EIA 709.1A。该网络协议针对一般性的控制网络，并非只针对楼宇自控，具有一定的普遍性。该公司同时推出了实现该协议的一系列手段、方法和措施。从硬件方面的 NeuronChip 芯片、各种收发器、网络适配器、LonWorks 开发装置、软件方面的 NeuronC 语言、网络操作系统，一直到 LonWorks 网络的全面实现，提供了完整的基础。在该协议的基础上开发楼宇自控系统相对容易一些，但由于核心技术必须依赖于 Echelon 公司，因此各生产厂商会受到一定的制约。

以太网（1EEE 802.3 Ethernet）协议在信息传输领域已是一致公认的最佳协议，由于是完全公开的、完全透明的协议，世界上越来越多的厂商已经开发了大量的价廉物美的以太网协议的接口芯片。这些芯片不仅能处理以太网底层协议，而且提供了大量上层的 TCP/IP 协议软件包。

就目前几种主流开放式协议标准的关系而言，LonTalk、BACnet 和 TCP/IP 的主要关系是互补，这是因为它们的侧重、目标和实现方法上有极大的不同。TCP/IP 是信息网（信息域）的协议；BACnet 是由 ASHRAE 综合了几种局域网 LAN 的协议而制定的，它也是信息网（信息域）的协议；只有 LonTalk 是控制网（控制域）的协议。它们之间的关系主要是互补。很多国家标准和国际大公司产品中提倡的多层结构：由 BACnet 或 TCP/IP 构成上层，用 LonTalk 构成下层，形成一种优势互补的组合模式，这种模式在 21 世纪初出现得越来越多。

3.2 建筑设备运行监控系统

智能建筑涉及的建筑设备种类繁多，但基本上还是由供配电与照明系统、暖通空调系统和给排水系统等三类设备组成。

3.2.1 供配电系统的监控

3.2.1.1 供配电基础知识

（1）电力网。输、配电线路和变电所等连接发电厂和用户的中间环节是电力系统的一部分，称为电力网。电力网常分为输电网和配电网两大部分。由35kV及以上的输电线路和与其相连接的变电所组成的网络称为输电网；输电网的作用是将电力输送到各个地区或直接送给大型用户。35kV以下的直接供给的线路称为配电网或配电线路；用户电压等级如果是380V/220V，则称为低压配电线路。把电压降为380V/220V的用户变压器称为用户配电变压器。如果用户是高压电气设备，这时的供电线路称为高压配电线路。连接用户配电变压器及其前级变电所的线路也称为高压配电线路。

（2）电压等级。电力网的电压等级较多，不同电压等级有不同的作用。从输电的角度看，电压越高越好，但要求绝缘水平也越高，因而造价也越高。目前，我国电力网的电压等级主要有0.22kV、0.38kV、6kV、10kV、35kV、110kV、220kV、500kV等。

（3）用电负荷等级。在电力网上，用电设备所消耗的功率称为用户的用电负荷或电力负荷。用户供电的可靠性程度用负荷等级来区分，它是由用电负荷的性质来确定的。用电负荷等级划分为三类：一级负荷、二级负荷、三级负荷，见表3-2。

表3-2 电力负荷等级

一级负荷	二级负荷	三级负荷
中断供电将造成人员伤亡的、重大政治影响的、重大经济损失的或公共场所的秩序严重混乱的	中断供电将造成较大政治影响的、较大经济损失的或公共场所的秩序混乱的	不属一、二级负荷的

在建筑用电设备中，属于一级负荷的设备有：消防控制室、消防水泵、消防电梯、防排烟设施、火灾自动报警、自动灭火装置、火灾事故照明、疏散指示标志和电动防火门窗、卷帘、阀门等消防用电设备、保安设备、主要业务用的计算机及外设、管理用的计算机及外设、通信设备、重要场所的应急照明；属于二级负荷的设备有：客梯、生活供水泵房；空调、照明等属于三级负荷。

（4）供电系统。电力的输送与分配，由母线、开关、配电线路、变压器等组成一定的供电电路，这种电路就是供电的一次线路，即主接线。智能建筑由于功能上需要，一般都采用双电源供电，即要求有两个独立电源，常用的双电源供电方案如图3-7所示。

3.2.1.2 供配电系统的监控过程

在图3-8中，1号变压器与2号变压器一用一备、交替工作。在1号变压器工作时，DDC控制器通过温度传感器检测1号变压器的工作温度，当1号变压器的工作温度超过一定标准时，DDC控制器就输出指令到控制开关的动作机构，使1号变压器的进线开关断开。如果1号变压器的温度未超标，但DDC检测到

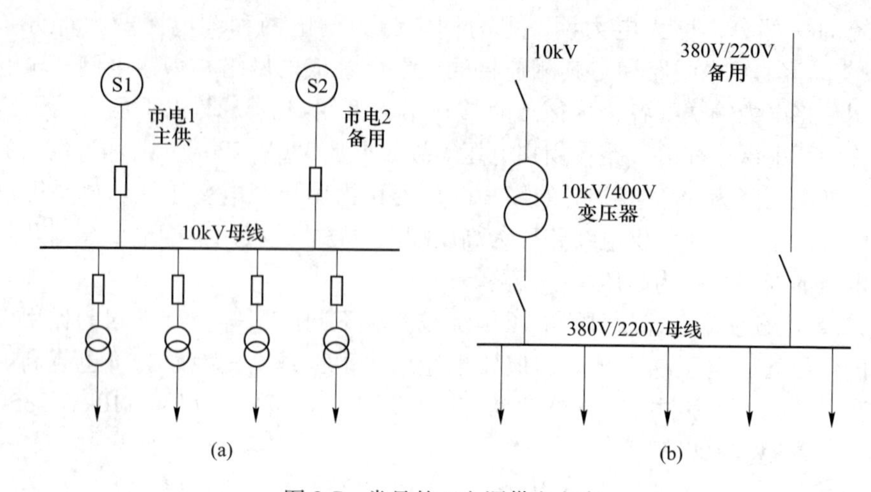

图 3-7 常见的双电源供电方案

（a）一备一用方案；（b）高供低设备主结线方案

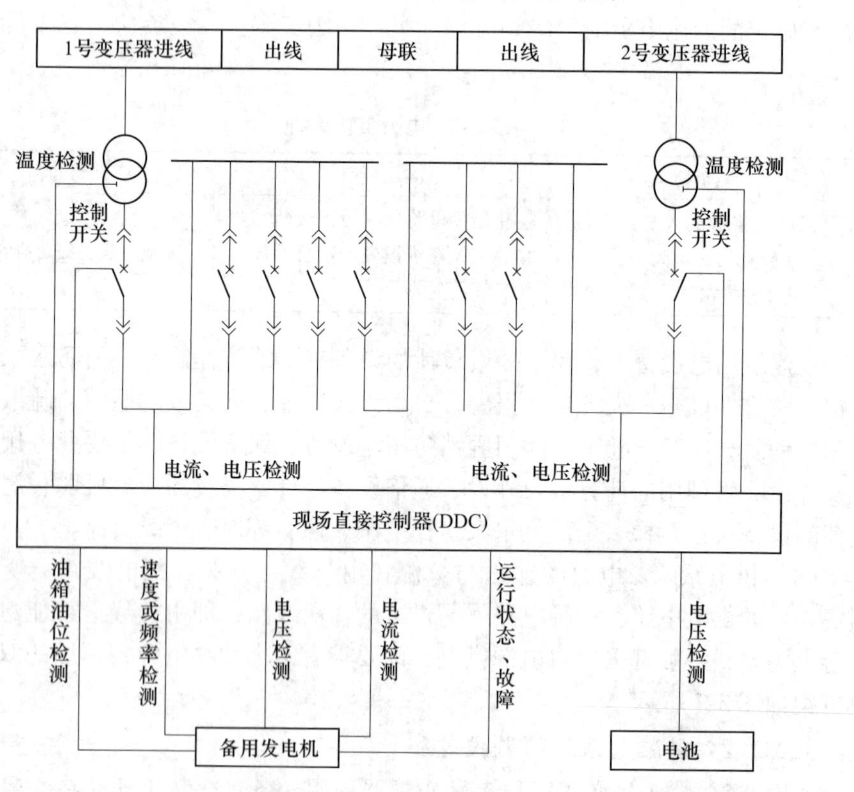

图 3-8 供配电监控原理图

进线电流电压异常，超过控制值，也会控制 1 号变压器的进线开关断开。然后再接通 2 号变压器的进线开关，使供配电系统能够持续供电。

当DDC检测到1号、2号变压器的低压侧的电流电压均异常时（如停电），则会断开两个变压器的进线开关，启动备用柴油发电机。在启用柴油发电机后，对柴油发电机的油箱油位、柴油发电机的转速、电流频率、电压、电流进行检测，适时调整柴油发电机的运行状态。在柴油发电机耗尽油料或出现故障时，则停止备用发电。

智能建筑中的高压配电室对继电保护非常严格，一般的纯交流或整流操作不能满足要求，必须设置蓄电池组，以提供控制、保护、自动装置及应急照明等所需的直流电源。一般采用镉镍电池组，对镉镍电池组的监控包括电压监测、过流过压保护及报警等。图3-8显示了DDC控制器对电池组的电压检测。

3.2.1.3 供配电系统的监测控制内容

安全、可靠的供电是智能建筑正常运行的先决条件，以上是对智能建筑供配电系统监控过程的简单介绍。供配电系统更具体的监测内容包括：

（1）高、低压进线、出线与中间联络断路器状态检测和故障报警；电压、电流、功率、功率因数的自动测量、自动显示及报警。

（2）变压器两侧电压、电流、功率和温度的自动测量和显示，并提供高温报警。

（3）直流操作柜中交流电源主进线开关状态监视，直流输出电压、电流等参数的测量、显示及报警。

（4）备用电源系统，包括发电机启动及供电断路器工作状态监视与故障报警，电压、电流、有功功率、无功功率、功率因数、频率、油箱油位、进口油压、冷却水进、出水温度和水箱水位等参数的自动测量、显示及报警。

电力供应监控装置根据检测到的现场信号或上级计算机发出的控制命令产生开关量输出信号，通过接口单元驱动某个断路器或开关设备的操作机构来实现供配电回路的接通或断开。实现上述控制，通常包括以下几方面的内容：

（1）高、低压断路器、开关设备按顺序自动接通、分断；

（2）高、低压母线联络断路器按需要自动接通/分断；

（3）备用柴油发电机组及其配电柜开关设备按顺序自动合闸转换为正常供配电方式；

（4）大型动力设备定时起动、停止及顺序控制；

（5）蓄电池设备按需要自动投入及切断。

另外，供配电系统除了实现上述保证安全、正常供配电的控制外，还能根据监控装置中计算机软件设定的功能，以节约电能为目标对系统中的电力设备进行管理，主要包括：变压器运行台数的控制、用电负荷的监控、功率因数补偿控制及停电到恢复送电的节能控制等。

3.2.1.4 供配电系统监控的关键技术

A 采样技术

自控系统的关键环节就是数据采集。根据采样信号，采集过程分为直流采样和交流采样。直流采样的采样对象为直流信号。它把交流电压、电流信号经过各种变送器转化为0~5V的直流电压，再由各种装置和仪表采集。实现方法简单，只需对采样值作一次比例变换即可得到被测量的数值。但直流采样无法采集实时信号，变送器的精度和稳定性对测量精度影响很大，设备复杂且维护困难。交流采样是将二次测得的电压、电流经高精度的电流互感器（CT）、电压互感器（PT），把大电流高电压变成计算机可测量的交流小信号，然后再由计算机进行处理。这种方法能够对被测量的瞬时值进行采样，实时性好，相位失真小，通过算法运算后获得的电压、电流、有功功率、功率因数等电力参数有着较好的精确度和稳定性，成本也较低。目前通常采用8031单片机实现电力参数的交流采样。通过LED显示器显示频率、电压、电流的实时值，在过电压30%、欠电压30%时进行声光报警，并能定时打印电压、电流及频率值。

B 双CPU技术

监控系统的主要功能分为监测控制和保护控制两方面。用双CPU处理单元，一个用于信号监测控制，被称为监控CPU；另一个用于保护控制，称为保护CPU。这样可以将系统保护、控制、测量、通信等功能，合理地分配到两个CPU芯片并行处理，防止系统满负荷工作，既有利于提高系统处理问题的速度和能力，还可以提高系统的稳定性。

图3-9是双CPU处理单元的原理框图。在图中，虽然两个CPU都和输入、输出信号连接在一起，但是它们所负责的功能不同。在正常情况下，监控CPU主要担负对外界信号的测量及通信任务，并按一定时间与保护CPU交换信息，以便监测保护CPU的工作状态是否正常。而保护CPU除了监测监控CPU是否正

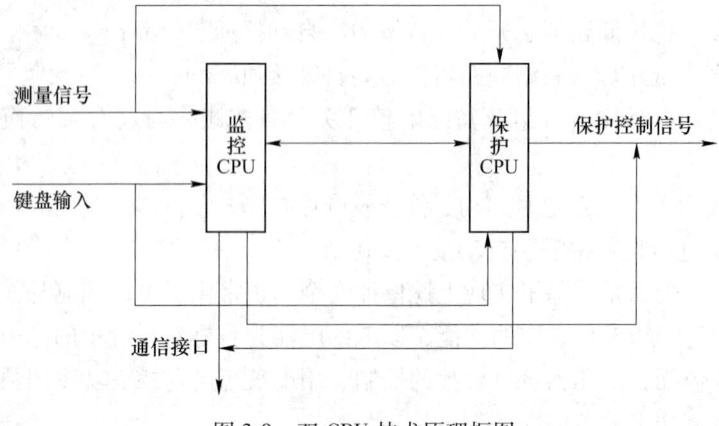

图3-9 双CPU技术原理框图

常工作外，其主要任务是在被控制设备发生故障时，能准确无误地对设备进行保护。只有当其中的一个 CPU 被监测到有错误后，另一个 CPU 才会立即替换其工作，同时通过通信接口向远控主机发信号报警，完成对整个系统的监控与保护任务。

3.2.2 照明监控系统

智能建筑是多功能的建筑，不同用途的区域，如室内走廊、楼梯间、大堂、室外的庭院、环境灯饰、休息区等，对照明存在不同的要求。因此应根据不同区域的特点，对照明设施进行不同的控制。在系统中应包含一个智能分站，对整个大厦的照明设备进行集中的管理控制。这个智能分站就是照明监控系统。系统中包括建筑物各层的照明配电箱、事故照明配电箱以及动力配电箱，其监控功能包括：

（1）根据季节变化或使用需要，按时间程序对不同区域的照明设备分别进行开/停控制；

（2）正常照明供电出现故障时，立即投入相关区域的事故照明；

（3）发生火灾时，按事件控制程序关闭有关的照明设备，打开应急灯；

（4）有保安报警时，将相应区域的照明灯打开。

照明监控系统的任务主要有两个方面，一是为了保证建筑物内各区域的照度及视觉环境而对灯光进行控制，称为环境照度控制，通常采用定时控制、合成照明控制等方法来实现；二是以节能为目的对照明设备进行的控制，简称照明节能控制，有区域控制、定时控制、室内检测控制三种控制方式。

照明区域监控系统功能框图如图 3-10 所示。照明区域控制系统的核心是 DDC 分站，一个 DDC 分站所控制的规模可能是一个楼层的照明或是整座建筑的装饰照明，区域既可按地域划分，也可按功能划分。作为 BAS 系统的子系统，

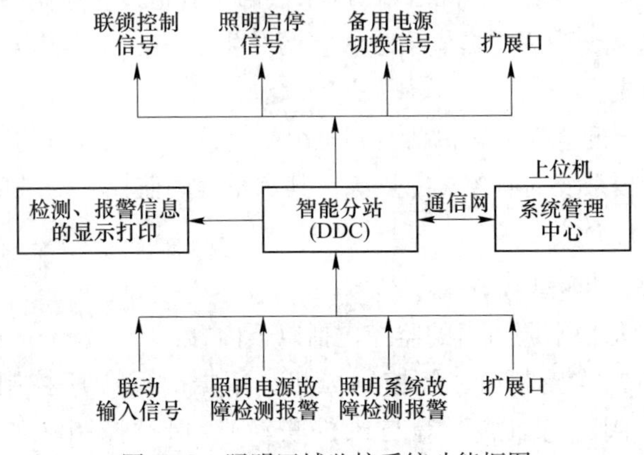

图 3-10 照明区域监控系统功能框图

照明监控系统除了对各照明区域的照明配电柜（箱）中的开关设备进行控制，还要与上位计算机进行通信，接受其管理控制，因此它是典型的计算机监控系统。

3.2.3 暖通空调监控系统

空调系统是为了营造室内温度适宜、湿度恰当和空气洁净的良好的工作与生活环境。在智能楼宇中，一般采用集中式空调系统，通常称之为中央空调系统，对空气的冷热处理集中在专用的机房里，按照所处理空气的来源，集中式空调系统可分为封闭式系统、直流式系统和混合式系统。封闭式系统的新风量为零，全部使用回风，其冷、热消耗量最省，但空气品质差。直流式系统的回风量为零，全部采用新风，其冷、热消耗量最大，但空气品质好。由于封闭式系统和直流式系统的上述特点，两者都只在特定情况下使用。对于绝大多数场合，采用适当比例的新风和回风相混合，这种混合系统既能满足空气品质要求，经济上又比较合理，因此应用最广。

由图3-11可知，中央空调系统主要由空气处理系统、冷源系统（冷冻站）、热源系统组成，下面介绍具体内容。

（1）空气处理系统包括：

空调机组：负责控制空调区域所需空气的温、湿度；

新风机组：对室外空气进行集中处理；

风机盘管系统：处于空调系统末端，由风机和换热盘管组成。

（2）冷源系统，主要为空调机组提供所需要的冷水，有：

1）制冷机组，由压缩机、冷凝器、冷水用蒸发器及阀门等组成；

2）冷却水系统，由冷却水塔、冷却水循环泵及冷却水供回水管道组成；

3）冷冻水系统，由冷冻水泵、冷冻水供回水管道及相应阀门组成。

（3）热源系统，为用户提供采暖、空调及生活热水，由热力站、热交换站、热水循环泵等组成。

暖通空调系统的监控内容包括空调机组的监控、新风机组的监控、风机盘管系统的监控、供暖系统的监控、冷热源及其水系统的监控、变风量控制系统的监控，下面分别进行介绍。

3.2.3.1 空调机组的监控

如图3-12所示，空调机组的监控包括以下内容：

（1）以开环方式控制启、停控制风机，依据时间程序控制风机，联动控制（新风阀、水阀、电加热器等与风机联动），保护控制（如寒冷地区保护控制）。

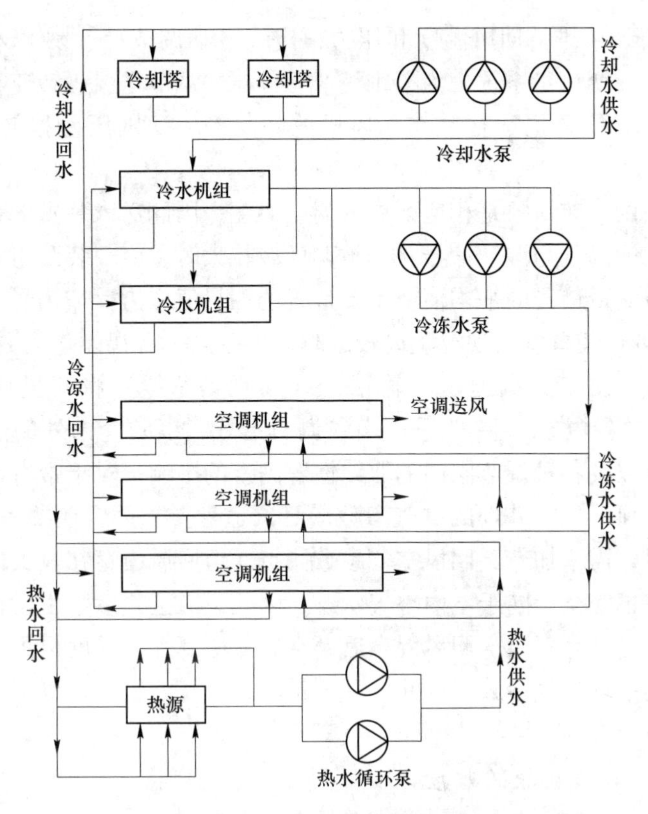

图 3-11　中央空调系统组成示意图

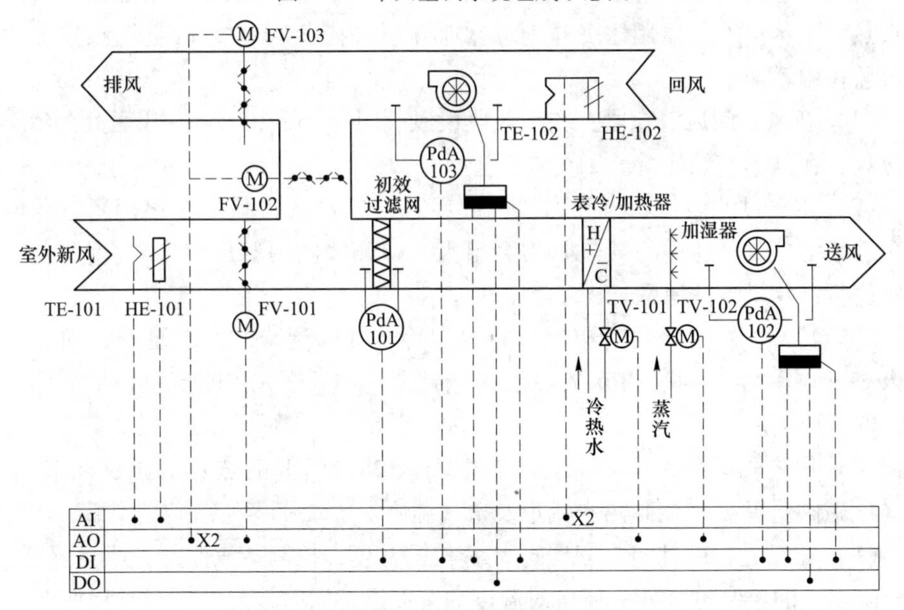

图 3-12　空调机组监控原理图

（2）闭环调节维持回风温度和压力恒定，自动调节冷（热）水阀门开度和加湿阀开度；在变风量系统中为了维持风管静压，调节送风机转速等。

（3）显示报警风机运行状态、风机故障状态、滤网压差报警、回风温度、阀位等。

空调机组的调节对象是相应区域的温、湿度，因此送入装置的输入信号应包括被调区域内的温度与湿度信号。当被调区域较大时，应安装几组温度与湿度检测点，以各点测量信号的平均值或重要位置的测量值作为反馈信号；若被调区域与空调机组 DDC 装置安装现场距离较远时，可专设一台智能化的数据采集装置，设于被调区域，测量数据通过传输信号线（现场总线）将测量信号送至空调 DDC 装置。在控制方式上一般采用串级调节形式，以防室内外的热干扰、空调区域的热惯性以及各种调节阀门的非线性等因素的影响。对于带有回风的空调机组而言，除了保证经过处理的空气参数满足舒适性要求外，还要考虑节能问题。由于存在回风，需增加新、回风空气参数测点。但回风道存在较大的惯性，使得回风空气状态不完全等同于室内空气状态，因此室内空气参数由设在空调区域的传感器获得。另外，新风、回风混合后，空气流通混乱，温度也很不均匀，很难得到混合后的平均空气参数。因此，不测量混合空气的状态，也不把该状态作为 DDC 控制的任何依据。

3.2.3.2 新风机组的监控

新风机组的主要作用是，夏季通入冷水对新风降温除湿，冬季通入热水对空气加热，干蒸汽加湿器用于冬季对新风加湿。在图 3-13 中，按空气流程分段的各段监控内容如下：

（1）新风、回风混合段：在回风段设风阀门 M2 可控制风门开度，在冬季节省热量，在夏季节约冷量。

（2）空气过滤段：新风和回风一起经过空气过滤器除尘净化，当过滤网上灰尘逐渐增多时，通过的气流阻力会增大，检测滤网两侧压差 Δp，当压差达到一定值时，及时清洗滤网。

（3）冷却段：表冷器对空气进行等湿冷却或除湿冷却。在夏季，向表冷器输入 2~15℃冷水，通过调节 M 冷水（电磁阀）的开度，控制流量，从而调节空气温度、湿度。

（4）加热段：在冬季，向加热器中输入 28℃以上的热水，通过调节 M 热水（电磁阀）开度，控制热水流量及空气温度。

（5）加湿段：通过调节蒸汽阀 M 蒸汽的开度，控制蒸汽流量，改变湿度。

除以上的控制方式外，还可对温度和湿度进行同时控制，控制过程如下：

（1）回风温度控制，由回风管道内的温度传感器 T2 实测出回风温度，实测

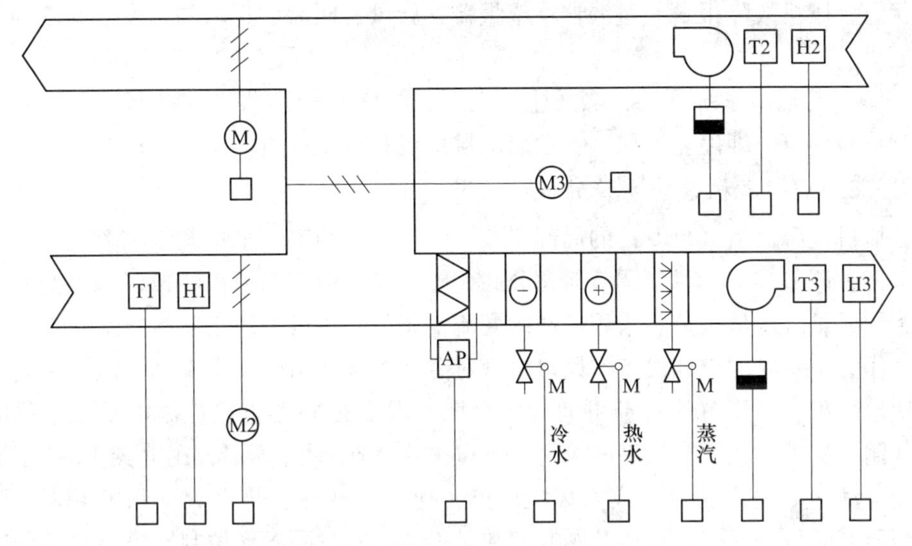

图 3-13 新风机组监控系统示意

温度变换成接口电路要求的模拟量信号，与回风温度设定值比较。经过 PID 运算后，控制相应的输出电压，用来控制表冷器（加热器）的阀门 M 冷水（M 热水）开度，调节冷水（或热水）流量，使回风温度保持在设定范围内自动调整。

（2）回风湿度控制：由回风管道内的湿度传感器 H2 实测出回风湿度，输入模拟信号与湿度设定值比较，得出的偏差经过 PI 运算，输出电压信号，控制电动阀 M 蒸汽开度，使回风湿度稳定在设定值范围内。

（3）焓值的控制：此处的焓即空气中所含的热量。空气中的焓值是温度和相对湿度的函数，通过新风管道中的温度、湿度传感器 T1 及 H1 和回风道中的 T2 及 H2 检测出新风和回风温度与相对湿度，计算出新风和回风的焓值。按照新风和回风焓值的比例，输出相应的电压信号，控制新风风门 M2 与回风风门 M3 的开度。

（4）启停时间控制：从节能目的出发，编制软件，控制风机启/停时间，同时累计机组的工作时间，为定时维修提供依据。

（5）连锁控制：自动实现必要的连锁保护功能。采用压差开关检测风机启停状态，风机前后压差达到设定值，发出正常运行信号，自动启动系统控制程序投入运行。如果检测出风机前后压差过低，应发出故障信号，并自动停机。

（6）过滤器堵塞报警：用压差开关检测过滤器两侧的压差，当压差超过设定值时报警灯亮。

（7）机组用电量累计：为能源计量及收费提供依据。

（8）工作状态显示与打印：采用文字或图形显示并打印数据，包括风机启/

停状态，风机故障报警，过滤器堵塞报警，新风、回风、送风的温度、湿度的设定值等。

(9) 与消防系统联动：当发生火灾时，接收到消防联动控制器发出的联动控制信号后，立即停止通风，自动启动排烟机和排压风机。

3.2.3.3 风机盘管系统的监控

风机盘管机组（FCU）的局部调节，包括风量调节、水量调节和旁通风门调节等三种调节方法。风量调节通常分高、中、低三档调节风机转速，以改变通过盘管的风量。水量调节多采用两通阀变流量调节，也可采用三通阀分流调节。

作为一种局部空调设备，风机盘管对温度控制的精度要求不高，温度控制器也比较简单，最简单的自控可通过双金属片温度控制器直接控制电动截止阀的启、闭来实现。在要求较高的场合，可以采用 NTC 元件测温，用 P 或 PI 控制器控制电动调节阀开度和（或）风机转速，通过改变冷、热水流量和风量来达到控制温度的目的。当电动调节阀开度和风机转速同时受温度控制器控制时（见图 3-14），应当保证送风量不低于最小循环风量，以满足室内气流组织的最低要求。

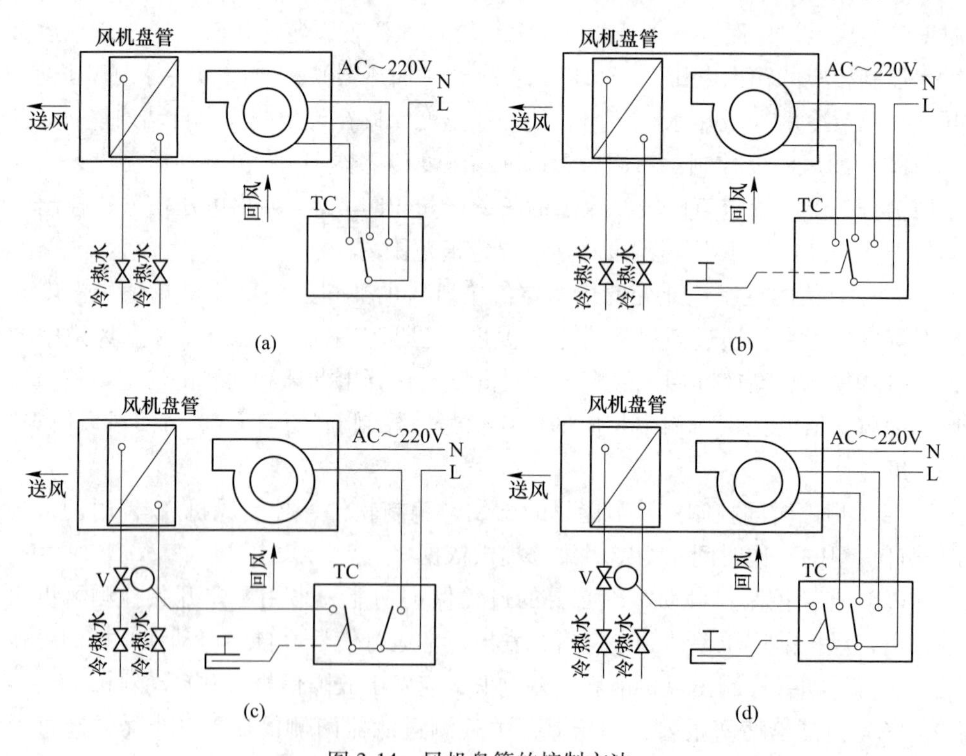

图 3-14 风机盘管的控制方法

(a) 手动三速开关控制；(b) 温控三速开关控制；

(c) 温控电动阀控制；(d) 温控电动阀加三速开关控制

3.2.3.4 供暖系统的监控

供暖系统包括热水锅炉房、换热站及供热网。根据智能建筑的特点，下面对供暖锅炉房的监控进行简要介绍。

供暖锅炉房的监控对象可分为燃烧系统及水系统两大部分，其监控系统可以由若干台 DDC 及一台中央管理机构成，各 DDC 装置分别对燃烧系统、水系统进行监测控制。根据供热状况控制锅炉及各循环泵的开启台数，设定供水温度及循环流量，协调各台 DDC 完成监控管理功能。

A 锅炉燃烧系统的监控

热水锅炉燃烧过程的监控任务主要是根据需要的热量，控制送煤链条速度及进煤挡板高度，根据炉内燃烧情况、排烟氧含量及炉内负压控制鼓风、引风机的风量。为此，检测的参数有：排烟温度，炉膛出口、省煤器及空气预热器出口温度，供水温度，炉膛、对流受热面进出口、省煤器、空气预热器、除尘器出口烟气压力，一次风、二次风压力，空气预热器前后压差，排烟氧含量信号，挡煤板高度位置信号。燃烧系统需要控制的参数有炉排速度，鼓风机、引风机风量及挡煤板高度等。

由于燃煤锅炉的使用逐步受到限制，现在各大中城市广泛使用自动化的燃气燃油锅炉，称为热水机组。它们一般采用数字控制方式，自带 DDC 控制器，既可独立工作，也可联网受控，接受上位/中央管理计算机的控制。

B 锅炉水系统的监控

锅炉水系统监控的主要任务有以下三个方面。

（1）保证系统安全运行：主要保证主循环泵的正常工作及补水泵的及时补水，使锅炉中循环水不致中断，也不会由于欠压缺水而放空。

（2）计量和统计：测定供回水温度、循环水量和补水流量，从而获得实际供热量和累计补水量等统计信息。

（3）运行工况调整：根据要求改变循环水泵运行台数或循环水泵转速，调整循环流量，以适应供暖负荷的变化，节省电能。

3.2.3.5 冷热源及其水系统的监控

智能建筑中的冷热源主要包括冷却水、冷冻水及热水制备系统，下面介绍其监控内容。

A 冷却水系统的监控

冷却水系统的作用是通过冷却塔、冷却水泵及管道系统向制冷机提供冷水，监控的目的主要是保证冷却塔风机、冷却循环水泵安全运行，确保制冷机冷凝器侧有足够的冷却水通过，并根据室外气候情况及冷负荷调整冷却水运行工况；通过调节冷却塔风机和冷却水循环泵的转速，在规定范围内控制冷却水温度。

B　冷冻水系统的监控

冷冻水系统由冷冻水循环泵通过管道系统连接冷冻机蒸发器及用户各种冷水设备（如空调机和风机盘管）组成。对其进行监控的目的主要是保证冷冻机蒸发器通过足够的水量以使蒸发器正常工作；向冷冻水用户提供足够的水量以满足使用要求；在满足使用要求的前提下尽可能减少水泵耗电。主要的控制方式是根据冷冻水经过蒸发器后的温度，调整冷冻水循环泵的转速，增大或减小冷冻水的流量，以保证有足够的冷冻水量通过蒸发器。

图3-15所示为2台冷却塔和2台冷水机组组成的一个中央制冷系统的自动监控原理图。系统中启动与停止的顺序如下：

（1）启动：顺序控制为冷却水电动阀→冷却水泵→冷却塔进水自动阀→冷却塔风机→冷冻水电动阀→冷冻水泵→冷水机组→监视水流状态。

（2）停止：顺序控制为冷水机组→冷冻水泵→冷冻水电动阀→冷却塔风机→冷却塔进水电动阀→冷却水泵→冷却水电动阀。

对于串联运行的制冷系统，当其中任一台设备发生故障时，系统将自动关停此串联制冷机组，启动运行累计时间最少的下一串联制冷机组。对于并联运行方式的制冷系统，当某一台设备发生故障时，关停该设备，然后启动与之并联的另一台运行累计时间最少的下一台相同设备。

根据冷冻水总供水、总回水的温度以及总回水流量计算冷冻水系统的冷负荷，按其实际的冷负荷决定投入冷水机组的数量，即实现冷水机组运行台数的优化控制，以达到最佳的节能效果。

根据冷冻水总供水和总回水之间的压差值与BAS系统中设定的压差值进行比较后，控制旁通阀的开关，从而保证冷冻供水回水压差的稳定。

冷却塔回水温度与系统中设定的值相比较后，控制冷却塔进水电动阀及风机的启动与停止。

C　热水制备系统的监控

热水制备系统以热交换器为主要设备，其作用是产生生活、空调及供暖用热水。对这一系统进行监控的主要目的是监测水力工况以保证热水系统的正常循环，控制热交换过程以保证要求的供热水参数。

3.2.3.6　变风量控制系统的监控

普通集中式空调系统的送风量固定不变，按房间热湿负荷确定送风量，称为定风量（CAV）系统。但实际上房间热湿负荷很少达到最大值，且在全年的大部分时间低于最大值。当室内负荷减小时，定风量系统靠调节再热量以提高送风温度（减小送风温差）来维持室温，既浪费热量，又浪费冷量，因而出现了变风量系统，如图3-16所示。

变风量空调系统（VAV）是一种通过改变送入各房间的风量来适应房间负荷

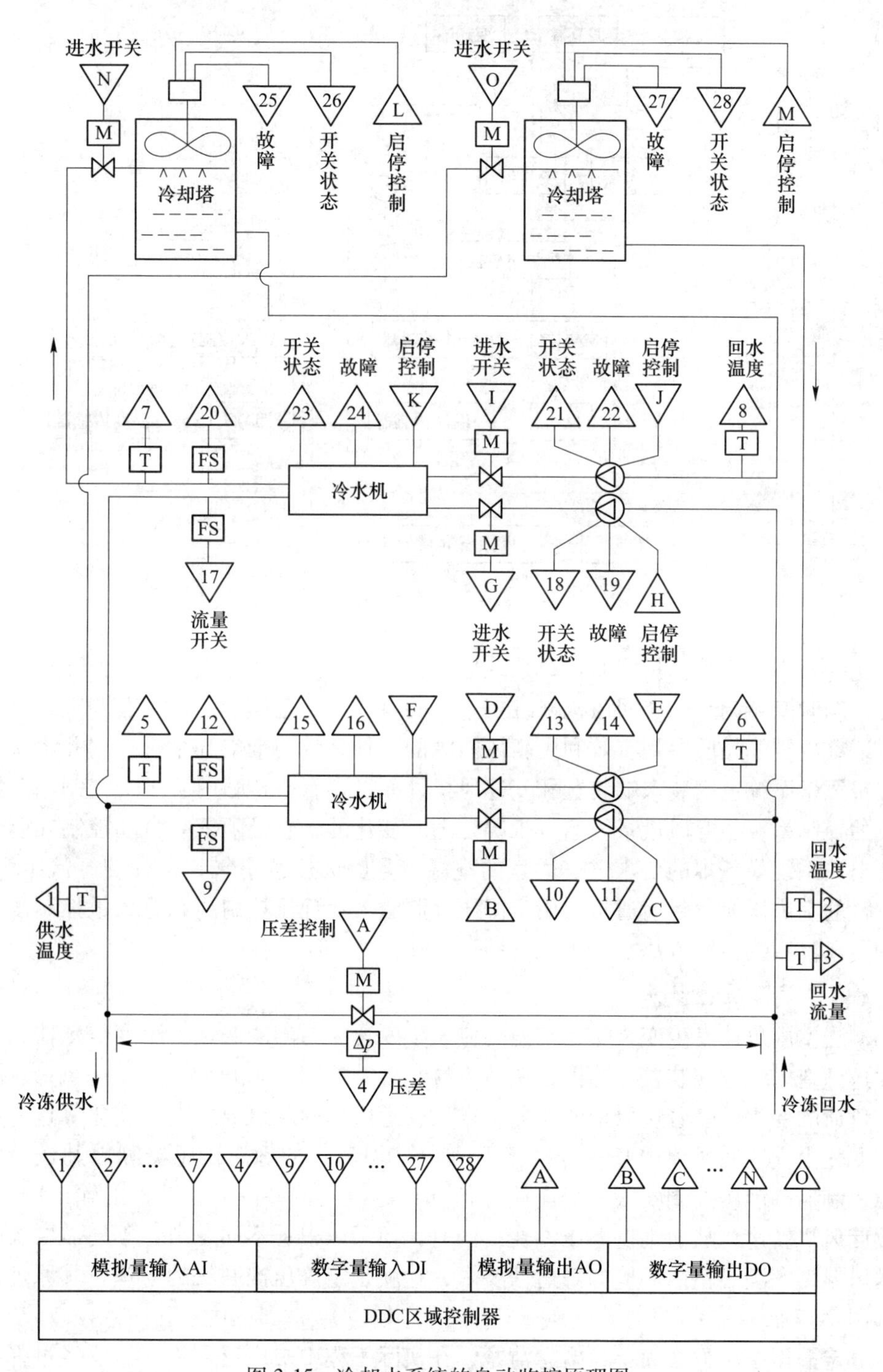

图 3-15 冷却水系统的自动监控原理图

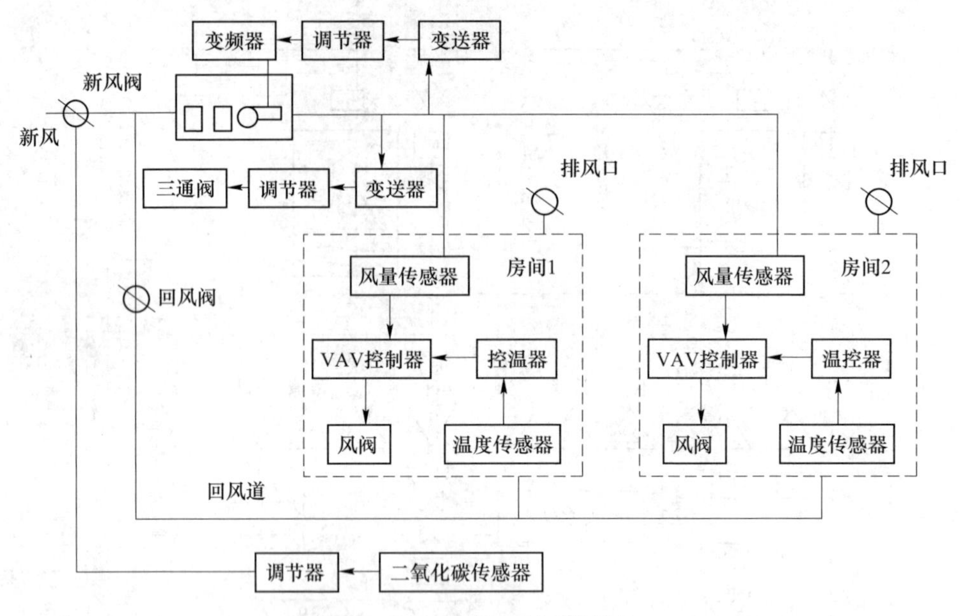

图 3-16 变风量空调系统结构

变化的全空气系统。具体而言，系统通过变风量末端调节末端风量来保证房间温度，同时变频调节送、回风机来维持系统的有效、稳定运行，并动态调整新风量保证室内空气品质，是有效利用新风能源的一种高效的全空气系统。它并不仅是在定风量系统上安装末端装置和变速风机，而且还有一整套由若干个控制回路组成的控制系统。变风量系统运行工况是随时变化的，它必须依靠自动控制才能保证空调系统最基本的要求——适宜的室温、足够的新鲜空气、良好的气流组织、正常的室内压力。目前通常采用定静压控制法、变静压控制法和总风量控制法三种变风量系统控制方法。

A 定静压控制法

当室内负荷发生变化时，室温相应发生变化。室温的变化由温度传感器感知并送到变风量末端装置控制器，调节末端装置的控制风阀开度，改变送风量，跟踪负荷的变化。随着送风量的变化，送风管道中的静压也随之发生变化，这一静压变化由安装在风道中某一点（或几点取平均值）的静压传感器测得并送至静压控制器。静压控制器根据静压实际值和设定值的偏差调节变频器的输出频率，改变风机转速，从而维持静压不变。同时，还可以根据不同季节、不同需要改变送风温度，满足室内环境的舒适性要求，这就是定静压控制法的原理，其原理图如图 3-17 所示。

定静压控制方法简单，概念清楚，在实际工程中被广泛采用。只要经过仔细的调试，采用定静压控制方法的变风量空调系统能够取得预期的运行效果。但定

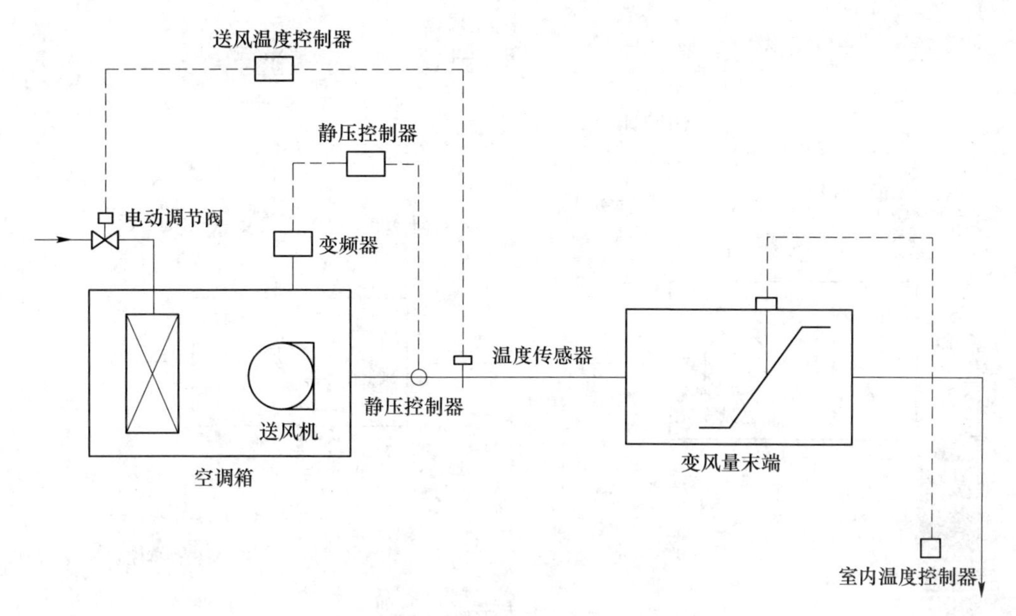

图 3-17 定静压控制法原理

静压控制法的主要缺点有两个，一是静压测点的位置难以确定，二是风道静压的最优设定值难以确定。为了保证在最大设计负荷时，系统中处于“最不利点”的末端装置仍有足够的风量并留有一定的余量，系统设计时往往将静压设定值取得较高，增加了风机能耗。当系统在部分负荷下运行时，末端装置的风阀开度较小，使得气流通过时噪声较大，且因送风量降低而造成室内气流组织变坏，并可能造成新风量不足。为此，就出现了变静压控制法。

B 变静压控制法

所谓变静压控制，就是利用压力无关型变风量末端中的风阀开度传感器，将各台末端的风阀开度送至风机转速控制器，控制送风机的转速，使任何时候系统中至少有一个变风量末端装置的风阀接近全开。图 3-18 是变静压控制方法原理图。

变静压控制方法的主要思想就是利用压力无关型变风量末端的送风量与风道压力无关的特点，在保证处于“最不利点”处末端送风量的前提下，尽量降低风道静压，从而降低风机转速，节约风机能耗。

C 总风量控制法

在变静压控制方法中，当室内温度发生变化后，温度控制器给出一个风量设定信号，在风量控制器中与实际风量进行比较、计算后，给出阀位设定信号，送往风阀控制器改变风阀开启度，从而改变风量。同时，风阀控制器还将阀门开启度信号传递给风机转速控制器，用于调节风机转速。

在上述过程中，温度控制器已经给出了风量设定信号，最后用于风量调

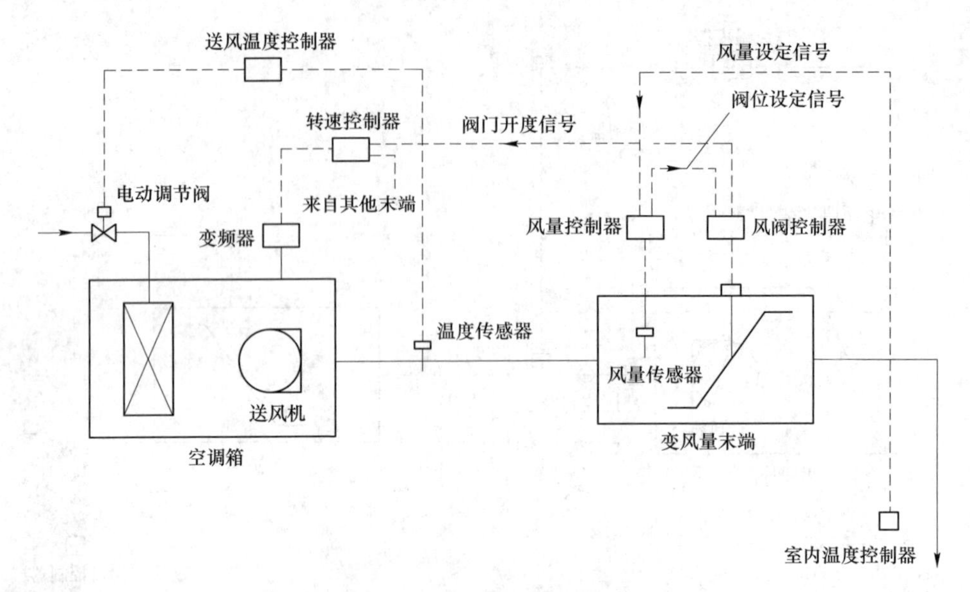

图 3-18　变静压控制法原理

节（即风机转速调节）的依据却是风阀开度，而不是实际风量。由此设想，如果将任一时刻系统中各末端的风量设定信号直接相加，就能够得到当时的总风量需求值，这一风量需求值就可作为调节风机转速的依据，不再需要通过风阀开启度这一参数来过渡，这就是总风量控制方法的基本思想。总风量控制方法原理图如图 3-19 所示。

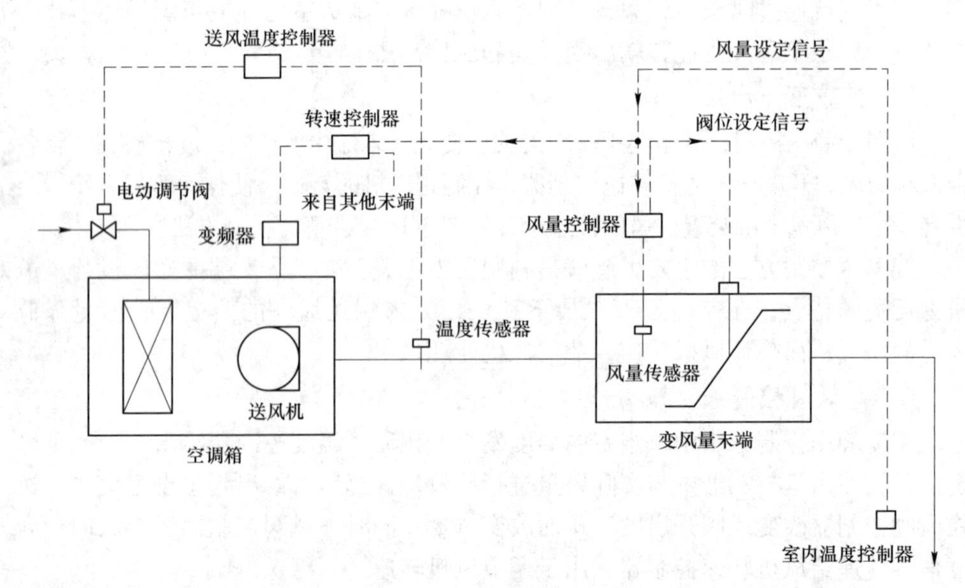

图 3-19　总风量控制法原理

3.3 智能交通运输系统

智能建筑的交通运输系统主要包括电梯系统和停车场管理系统。电梯和停车场是智能建筑不可缺少的设施，它们作为智能建筑的组成部分，不仅自身要有良好的性能和自动化程度，而且还要与整个 BAS 系统协调运行，接受中央计算机的监视、管理及控制。

3.3.1 电梯监控系统

电梯可分为直升电梯和自动扶梯，而直升电梯按其用途可分为客梯、货梯、客货梯、消防梯等。电梯的控制方式可分为层间控制、简易自动、集选控制、有/无司机控制以及群控等。对于智能大厦中的电梯，通常选用群控方式。图 3-20 简单示出了采用群控方式运行电梯系统的监控原理。

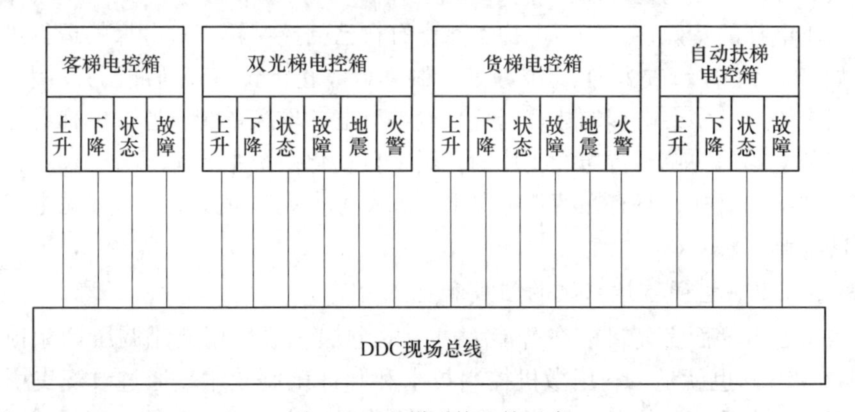

图 3-20 电梯系统监控示意

3.3.1.1 电梯的监控内容

（1）正常/故障状态的监控。正常/故障状态的监控包括电梯按时间程序设定运行时间表启/停电梯、监视电梯运行状态、在故障及紧急状况下报警。

运行状态监视包括启动/停止状态、运行方向、所处楼层位置等，通过自动检测并将结果送入 DDC，动态地显示出各台电梯的实时状态。故障检测包括电动机、电磁制动器等各种装置出现故障后，自动报警，并显示故障电梯的地点、发生故障时间、故障状态等。紧急状况检测通常包括火灾、地震状况检测、发生故障时是否关人等，一旦发现，立即报警。

（2）多台电梯群控管理。智能建筑的电梯在上下班和午餐时间时，人流量十分集中，但在其他时间段又比较空闲。如何在不同客流时期自动进行调度控制，既减少候梯，又避免数台电梯同时响应同一召唤造成空载运行，这就要求电梯监控系统不断对各厅站的召唤信号和轿厢内选层信号进行循环扫描，根据轿厢所在位置、上下方向停站数、轿内人数等因素来实时判断客流变化，自动选择最佳输送方式。群控系统能对运行区域进行自动分配，自动调配电梯至运行区域的各个不同服务区域。服务区域可以随时变化，它的位置与范围均由各台电梯通报的实际工作情况确定，并随时监视，以便随时满足大楼各处的不同厅站的召唤。

（3）配合消防系统协同工作。当发生火灾等异常情况时，消防监控系统中的消防联动控制器向电梯监控系统发出报警信息及控制信息，电梯监控系统主控制器再向相应的电梯 DDC 装置发出相应的控制信号，使它们进入预定的工作状态：普通电梯直驶首层、放客，自动切断电梯电源；消防电梯则由应急电源供电，停留在首层待命。

（4）配合安全防范系统协调工作。通过建筑内的闭路监控系统，由值班人员发出指令或受轿厢内紧急按钮的控制，电梯按照保安级别自动行驶至规定的停靠楼层，并对车厢门进行监控。

由于电梯的特殊性，每台电梯本身都有自己的控制箱，对电梯的运行进行控制，如（上/下）行驶方向、加/减速、制动、停止定位、停轿厢门开/闭、超重监测报警等。有多台电梯的建筑场合一般都有电梯群控系统，通过电梯群控系统实现多部电梯的协调运行与优化控制。楼宇自动化系统主要实现对电梯运行状态及相关情况的监视，只有在特殊情况下，如发生火灾等突发事件时才对电梯进行必要的控制。

3.3.1.2 电梯监控系统的组成和特点

就单台电梯而言，目前在智能大厦中的电梯一般使用交流调压调频拖动方式（VVVF）。也就是，利用微机控制技术和脉冲调制技术，通过改变曳引电动机电源的频率及电压使电梯的速度按需要变化，具有高效、节能、舒适感好、控制系统体积小、动态品质及抗干扰性能优越等一系列优点，这种电梯多为操纵自动化程度较高的集选控制电梯。“集选”的含义是将各楼层厅外的上、下召唤及轿厢指令、井道信息等外部信号综合在一起进行集中处理，从而使电梯自动地选择运行方向和目的层站，并自动地完成启动、运行、减速、平层、开关门及显示、保护等一系列功能。集选控制的 VVVF 电梯由于自动化程度要求高，一般都采用以计算机为核心的控制系统。该系统电气控制柜的弱电部分通常使用起操纵和控制作用的微机计算机系统或可编程序控制器（PLC），强电部分则主要包括整流、逆变半导体及接触器等执行电器。柜内的计算机系统带有通信接口，可以与分布在电梯各处的智能化装置（如各层呼梯装置和轿厢操纵盘等）进行数据通信，组成分布式电梯控制系统，也可以与上层监控管理计算机联网，构成电梯监控系统。

整个系统由主控制器、电梯控制器（DDC）、显示装置（CRT）、打印机、远程操作台及串行通信网络组成。主控制器以 32 位微机为核心，一般为 CPU 冗余结构，可靠性较高，它与设在各电梯机房的控制器进行串行通信，对各电梯进行监控。采用高清晰度的大屏幕彩色显示器，监视、操作都很方便。主控制器与上层计算机（或 BMS 系统）及安全系统具有串行通信功能，以便与 BAS 形成整体。系统具有较强的显示功能，除了正常情况下显示各电梯的运行状态之外，当发生灾害或故障时，用专用画面代替正常显示画面，并且当必须进行管制运行或发生异常时，还能把操作顺序和必要的措施显示在画面上，由管理人员用光笔或鼠标器直接在 CRT 上进行干预，随时启、停任何一台电梯。电梯的运行及故障情况则定时由打印机进行记录，并向上位管理计算机（或 BMS）送出。

3.3.2 停车场管理系统

停车场电脑收费管理系统是现代化停车场车辆收费及设备自动化管理的统称，将车场完全置于计算机管理下。目前通常所应用的是非接触式感应 ID 卡停车场电脑收费管理系统，其构成如图 3-21 所示。

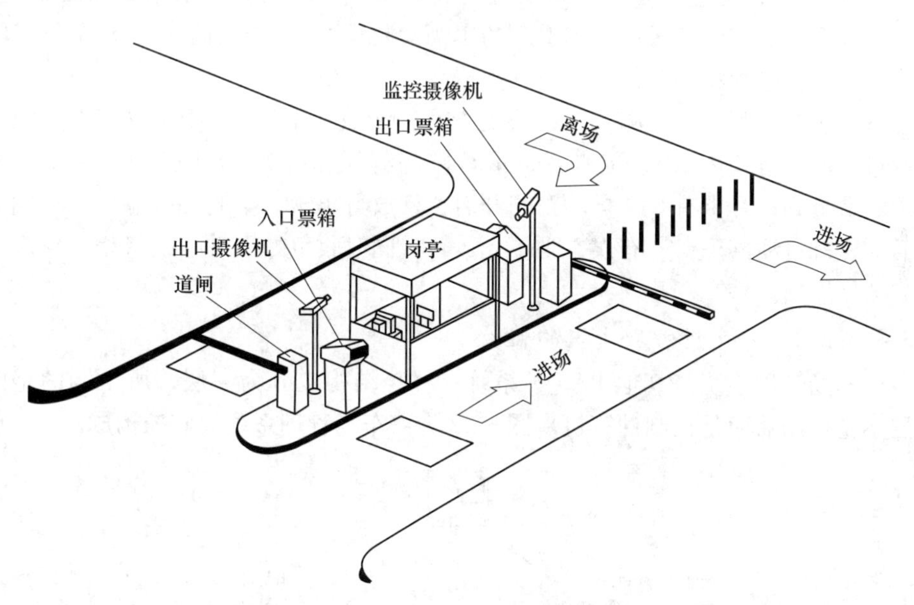

图 3-21 停车场管理系统的基本构成

3.3.2.1 停车场管理系统一般工作原理

（1）入口工作。入口部分主要由非接触感应式 ID 卡的读写器、ID 卡出卡机、车辆感应器、入口控制板、自动路闸、车辆检测线圈、LED 显示屏、摄像头组成。临时车进入停车场时，车辆感应器检测车到入口处的 LED 显示屏显示车位信息，同时系统以语音提示客户按键取卡，客户按键，票箱内发卡器的 ID 卡，经输卡机芯传送至入口票箱出卡口，并完成读卡过程。同时启动入口摄像机，摄录一幅该车辆图像，并依据相应卡号，存入中央电脑的数据库中，中央电脑的位置可以放在监控室，一般放在出口收费处。司机取卡后，自动路闸起栏放行车辆，车辆通过车辆检测线圈后自动放下栏杆。月租卡车辆进入停车场时，车辆感应器检测车到，司机把月租卡放在入口票箱感应区 10~12cm 距离内掠过，入口票箱内 ID 卡读写器读取该卡的特征和有关信息，判断其有效性，同时启动入口摄像机，摄录一幅该车辆图像，并依据相应卡号，存入中央电脑的数据库中。若有效，自动路闸起栏入行车辆，车辆通过车辆检测线圈后自动入下栏杆；若无效，则不容许入场。

（2）出口工作。出口部分主要由非接触感应式 ID 卡读写器、车辆感应器、出口控制板、自动路闸、车辆检测线圈、LED 显示屏、摄像头组成。临时车驶出停车场时，在出口处，司机将非接触式 ID 卡交给收费员，收费员在收费所用的感应读卡器附近晃一下，依据相应卡号，存入中央电脑的数据库中，系统根据 ID 卡号自动计算出应交费，收费员提示司机交费。收费员收费后，按确认键，电动栏杆升起。车辆通过埋在车道下的车辆检测线圈后，电动栏杆自动落下，同时收费处中央电脑将相关信息记录到数据库内。月租卡车辆驶出停车场时，设在车道下的车辆检测线圈检测车到，司机把月租卡放在出口票箱感应器 12cm 距离内掠过，出口票箱内 ID 卡读卡器读取该卡的特征和有关 ID 卡信息，判别有效性。收费员确认月卡有效，自动路闸开启栏杆放行车辆，车辆感应器检测车辆通过后，栏杆自动落下；若有误，则不允放行。同时收费处中央电脑将相关信息记录到数据库内。

3.3.2.2 停车场管理系统的监控

停车场管理系统与其他 BAS 子系统一样，结构也分为三层，所不同的是中间层不是控制器而是控制计算机。图 3-22 为停车场管理系统的监控构成。

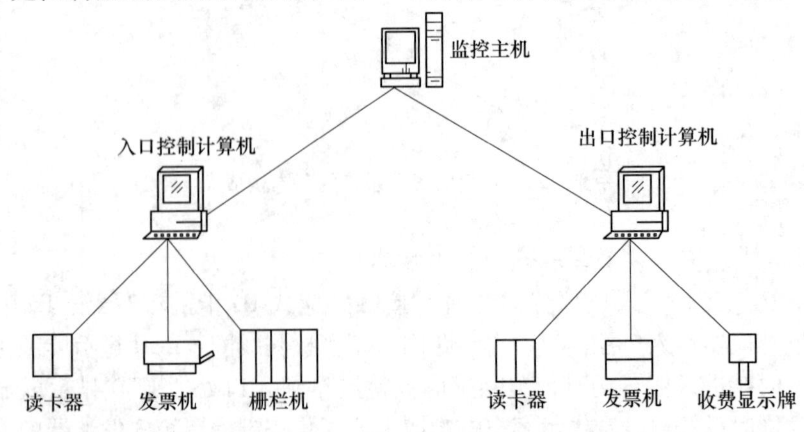

图 3-22 停车场管理系统的监控构成

监控主机又称中央管理计算机，它处于系统的最上层。监控计算机的功能要求综合管理整个停车场，并以简单直观的方式向操作员提供系统的各种信息。它除了负责与出入口票箱读卡器、发卡器通信外，还负责对报表打印机（发票机）和收费显示屏发出相应的控制信号，同时完成同一卡号入口车辆图像与出场车辆车牌的对比、车场数据下载、读取IC/ID卡信息、查询打印报表、统计分析、系统维护和月租卡发售功能。

出、入口控制计算机处于系统的中间层，用以管理和实现整个系统线路的通信，监督各现场设备和系统记录，确保系统的正常工作。出入口控制计算机可以独立于主机工作，控制计算机可以控制现场设备的设定、开/关停车场设备，自动监督检查设备出现的故障并打印出来。另外，出口控制计算机还可承担收款及打印票据的工作。

3.4 智能防火系统

智能防火系统是以火灾为监控对象，根据防灾要求和特点而设计、构成和工作的，是一种及时发现和通报火情，并采取有效措施控制扑灭火灾而设置在建筑物中或其他对象与场所的自动消防设施，是智能建筑不可缺少的一种安全自救系统。

3.4.1 火灾的形成与探测方法

3.4.1.1 普通物质的起火过程及其特征

普通可燃物质的起火过程是：首先产生燃烧气体和烟雾，在氧气供应充分的条件下逐渐完全燃烧，产生火焰并发出可见光与不可见光，同时释放出大量的热，使环境温度升高，最终酿成火灾，如图3-23所示。从开始燃烧到火灾形成的过程中，各阶段具有以下一些特征：

（1）初起和阴燃阶段。此阶段时间较长，能产生烟雾气溶胶，在未能受到控制情况下，大量的烟雾气溶胶会逐渐充满室内环境，但温度不高，火势尚未蔓延发展。若在此阶段能将火灾信息——烟浓度探测出来，就可以将火灾损失控制在最低限度。

（2）火焰燃烧阶段。经过阴燃阶段，可燃物蓄积的热量使环境温度升高，在可燃物着火点出现明火，火焰扩散后火势开始蔓延，环境温度继续升高，燃烧不断扩大，形成火灾。若此阶段能将火灾引起的明显的温度变化探测出来，也能较及时地控制火灾。

（3）全燃阶段。物质燃烧会产生各种波长的光，热辐射中含有大量的红外线和紫外线，感光探测能够控测出火灾的发生。但如果经过了较长时间的阴燃，大量的烟雾就会影响感光探测的效果；油品、液化气等物质起火时，起火速度快并且迅速达到全燃阶段，形成很少有烟雾遮蔽的明火火灾，感光探测则及时有效。

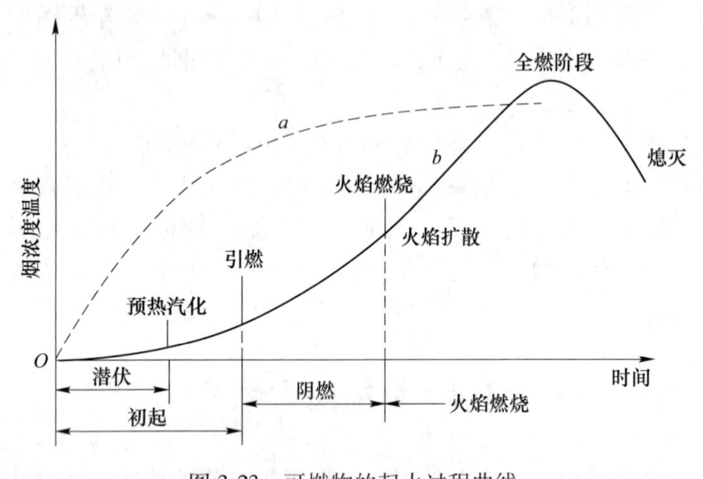

图 3-23 可燃物的起火过程曲线

a—烟雾气溶胶浓度与时间的关系；*b*—热气流温度与时间的关系

当可燃物是可燃气体或易燃液体蒸汽时，起火燃烧过程不同于普通可燃物，会在可燃气体或蒸汽的爆炸浓度范围内引起轰燃或爆炸。这时，火灾探测以可燃气体或其蒸汽浓度为探测对象。

3.4.1.2 火灾的探测方法

火灾的探测是以物质燃烧过程中的各种现象为依据，以实现早期发现火灾的目的。根据物质燃烧从阴燃到全燃过程各阶段所产生的不同火灾现象与特征，形成了不同的火灾探测方法：

（1）火焰（光）探测法。根据物质燃烧所产生的火焰光辐射，其中主要是红外辐射和紫外辐射的大小，通过光敏元件与电子线路来探测火灾现象。

（2）热（温度）探测法。根据物质燃烧释放的热量所引起的环境温度升高或其变化率大小，通过热敏元件与电子线路来探测火灾现象。

（3）空气离化探测法。利用放射性同位素（如 Am241）释放的 α 射线将空气电离，使腔室（电离室）内空气具有一定的导电性；当烟雾气溶胶进入室内时，烟粒子将吸附其中的带电离子，产生离子电流变化。此电流变化与烟浓度有直接的关系，并可用电子线路加以检测，从而获得与烟浓度有直接关系的电信号，用于火灾确认和报警。

（4）光电感烟探测法。根据光散射定律，在通气暗箱内用发光元件产生一定波长的探测光，当烟雾气溶胶进入暗箱时，其中粒径大于探测光波长的着色烟粒子产生散射光，通过与发光元件成一定夹角的光电接受元件接收到散射光的强度，可以得到与烟浓度成正比的电流信号或电压信号，用于判定火灾。

根据不同的火灾探测方法制成的火灾探测器，按其探测的火灾参数可以分为感烟式、感温式、感光式火灾探测器和可燃气体探测器，以及烟温、温光、烟温光等复合式火灾探测器。从前述的火灾逐步蔓延、发展的各阶段特点来看，感烟、感温、感光三种探测器各有特点：

（1）感烟型探测器通常能够最早感受火灾参数、报警及时、火灾造成的损失小，但易受非火灾型烟雾、汽尘的干扰，误报率最高；

（2）感温探测器的温度阈值一般较高，不易受到干扰，可靠性高，但反应较迟钝，容易造成较大损失；

（3）感光探测器针对一些特殊材料的火灾，如具有易燃易爆性质的材料，其起烟微弱而火焰上升快，非常有效。

探测器把感受到的火灾参数转变成电信号，通过信号线传输到控制器。根据探测器送来的电信号的情况，控制器作出相应的反应。当控制器识别出火灾信息时，发出规定声响警报和灯光警报，并指示出报警地址后，火灾的探测与报警功能完成，然后控制联动装置动作，自动喷水、启动消防泵等，尽可能地控制火灾的发生与发展，将火灾的损失减到最低限度。

由于智能建筑非常强调自救能力，选用火灾探测器就必须根据火灾区域内可能发生的火灾初期的形成和发展特点、房间高度、环境条件和可能引起误报的因素等综合确定。从当前智能建筑的工程实践来看，为了使探测既灵活又可靠，智能建筑最适合使用复合型探测器。

3.4.2 火灾的自动报警与联动控制

为了加强自救能力，智能建筑和智能小区一般会设置一个消防控制中心。在这个中心里，安装火灾自动报警系统，设立专职人员24h值班，对火情进行集中监控。火灾自动报警系统由火灾探测器、信号线路、火灾报警控制器（台）三大部分组成，如图3-24所示。

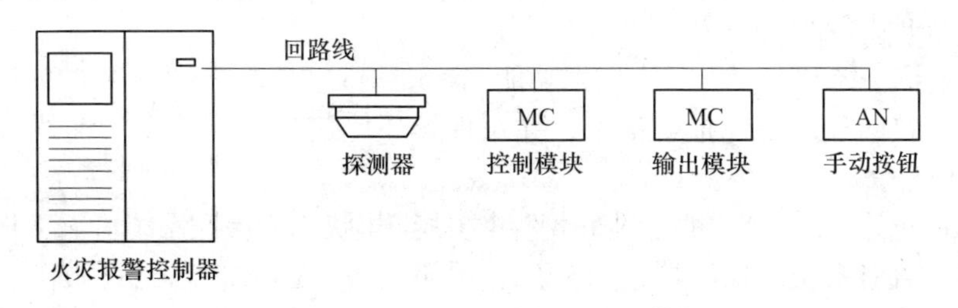

图3-24 火灾报警系统的基本组成

3.4.2.1　火警信号传输线路

探测器的信号传输线路是独立的，不得与PDS集成，应采用不低于250V的铜芯绝缘导线。导线的允许载流量不应小于线路的负荷工作电流，其电压损失一般不应超过探测器额定工作电压的5%；当线路穿管敷设时，导线截面不得小于1.0mm^2；在线槽内敷设时，导线截面不小于0.75mm^2。连接探测器的信号线多采用双绞线，一般正极线“+”为红色，负极线“-”为蓝色。

敷设室内传输线路应采用金属管、硬质塑料管、半硬质塑料套管或敷设在封密线槽内。对建筑内不同系统的各种类别强电及弱电线路，不应穿在同一套管内或线槽内。火灾自动报警系统横向线路应采用穿管敷设，对不同防火分区的线路不要在同一管内敷设。同一工程中相同线别的绝缘导线颜色应相同，其接线端子应标号。

3.4.2.2　火灾报警控制器

A　火灾报警控制器的类型

按火灾报警控制器的用途不同，可分为区域火灾报警控制器、集中火灾报警控制器和通用火灾报警控制器三种基本类型。

（1）区域火灾报警控制器：直接连接火灾探测器，处理各种报警信号。

（2）集中火灾报警控制器：一般不与火灾探测器相连，而与区域火灾报警控制器相连，处理区域级火灾报警控制器送来信号，常使用在较大型系统中。

（3）通用火灾报警控制器：兼有区域、集中两级火灾报警控制器的双重特点。通过设置或修改某些参数（可以是硬件或者软件方面）既可作区域级使用，连接探测器；又可作集中级使用，连接区域火灾报警控制器。

近年来，随着火灾探测报警技术的发展和模拟量、总线制、智能化火灾探测报警系统的逐渐应用，在智能建筑领域，火灾报警控制器已不再分为区域、集中和通用三种类型，而统称为火灾报警控制器。

B　火灾报警控制器的功能

火灾探测器通过信号传输线路把火灾产生地点的信号发送给火灾报警控制器，火灾报警控制器将接收到的火灾信号以声、光的形式发出报警，显示火灾信号的位置，向消防联动控制设备发出指令，对火灾进行扑救，阻止火势蔓延，为疏散人群创造条件。

火灾报警控制器一般具有以下功能：

（1）接收显示各种报警信息，并对现场环境信号进行数据及曲线分析，确定火灾信息。

（2）总线故障报警功能，随时监测总线工作状态，保证系统可靠工作。

（3）可对系统内探测器进行开启、关闭及报警趋势状态检查操作，根据现场情况对探测器灵敏度进行调节，并进行漂移补偿。

（4）交、直流两用供电。交流掉电时，直流供电系统能自动导入，保证控制器连续运行。

(5) 报警控制器可自动记录报警类别、报警时间及报警地址号，便于查核。报警控制器配有时钟及打印机，记录拷贝方便。

(6) 可通过专用接口，实现远程联网通信。

(7) 可显示各类图形，使确定火灾地点更直观。

(8) 可通过总线接口，与楼宇自动控制系统集成联网。

(9) 联动控制功能。

火灾报警控制器多设有联动装置，所以也称为火灾自动报警与联控系统。联动装置与消火栓系统、自动灭火系统的控制装置、防烟排烟系统的控制装置、防火门控制装置、报警装置，以及应急广播、疏散照明指示系统等相连；在火灾发生时，通过自动或值班人员手动发出指令，启动这些装置进行相应动作，如图3-25所示。主要联动控制内容见表3-3。

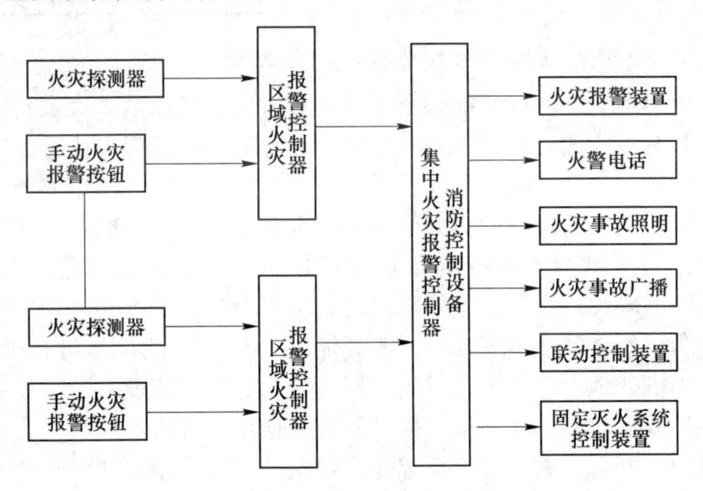

图3-25 火灾自动报警与联动控制示意框图

表3-3 火灾自动报警联动控制的主要内容

联动控制的对象	控制内容
室内消火栓系统	控制消防水泵的启、停，显示消防水泵的工作状态，故障状态，显示启动泵按钮的位置
自动喷水灭火系统	控制系统的启、停，显示消防水泵的工作状态、故障状态，显示水流指示器、报警阀、安全信号阀的工作状态
管网气体灭火系统	显示系统的手动、自动工作状态；在报警、喷射各阶段，控制室应有相应的声、光警报信号，并能手动切除声响信号；在延时阶段，应自动关闭防火门、窗，停止通风空调系统，关闭有关部位防火阀；显示气体灭火系统防护区的报警、喷放及防火门（帘）、通风空调等设备的状态

续表 3-3

联动控制的对象	控制内容
泡沫灭火系统	控制泡沫泵及消防水泵的启、停，显示系统的工作状态；对干粉灭火系统的控制包括：控制系统的启、停，显示系统的工作状态
常开防火门	防火门任一侧的火灾探测器报警后，防火门自动关闭，防火门关闭信号被送到消防控制室
防火卷帘	在疏散通道上的防火卷帘两侧，设置火灾探测器组及其警报装置，且两侧设置手动控制按钮；疏散通道上的防火卷帘，在感烟探测器动作后，卷帘下降至距地（楼）面1.8m，在感温探测器动作后，卷帘下降到底，用作防火分隔的防火卷帘，火灾探测器动作后，卷帘应下降到底；感烟、感温火灾探测器的报警信号及防火卷帘的关闭信号应送至消防控制室
防烟、排烟设施	停止有关部位的空调送风，关闭电动防火阀，并接收其反馈信号；启动有关部位的防烟和排烟风机、排烟阀等，并接收其反馈信号；控制挡烟垂壁等防烟设施

3.4.2.3 火灾自动报警与联控系统的智能化

从前述内容可看出，因其能够自动探测和进行系统联动，火灾自动报警与联控系统已经具有一定的“智能”，系统在智能建筑中可以独立运行，完成火灾信息的采集、处理、判断和确认并实施联动控制；还可以通过网络实施远端报警及信息传递，通报火灾情况或向火警受理中心报警。这里所说的智能化主要是指对火灾探测系统（主要指火灾探测器）进行进一步的智能化改造，降低误报率，提高其报警的准确性。当前的主要手段就是将一个逻辑处理器（CPU）嵌入火灾报警器，成为“智能火灾探测器”，使其能够自行对探测信号进行处理/判断功能，免去了主机处理大量现场信号的负担，成为分布式智能系统，使主机从容不迫地实现多种管理功能，从根本上提高系统的稳定性和可靠性。

从联网的角度看，火灾报警系统作为建筑自动化系统（BAS）的一部分，在智能建筑中，既可与安防系统、其他建筑的防火系统联网通信、向上级管理系统报警和传递信息，也可以向远端城市消防中心、防灾管理中心实施远程报警和传递信息，成为城市信息网络的一部分，提升网络系统的整体智能性。

3.5 智能安防系统

3.5.1 智能安防系统的基本功能和组成

3.5.1.1 智能安防系统的基本功能

智能安防系统能够实现有效可靠的安全防范，是智能建筑的主要特点之一。当前，安防系统的主要功能体现在外部侵入保护、区域保护和重点目标保护三个方面。

(1) 外部侵入保护主要是指无关人员从外部（如窗户、门、天窗和通风管道等）侵入建筑物时，报警系统立即启动发出警报信号，把罪犯排除在防卫区域之外。

（2）区域保护是指对建筑物内部某些重要区域进行保护，是安防系统提供的第二层保护，它主要监视是否有人非法进入某些受限制的区域；如果有，则向控制中心发出报警信息，控制中心再根据情况做出相应处理。

（3）重点目标保护是指对区域内的某些重点目标进行保护，这是安防系统提供的第三层保护，通常设置在特别重要的，需加强保卫的场所，如档案、保险柜、重要文物、控制室和计算中心机房等。

总之，智能化安防系统最好在罪犯有侵入的意图和动作时便及时发出信号，以便尽快采取措施。当罪犯侵入防范区域时，保安人员应当通过安防系统了解他的活动。当罪犯犯罪时，安防系统的最后防线要马上起作用。如果所有的防范措施都失败，安防系统还应有事件发生前后的信息记录，以便帮助有关人员对犯罪经过进行分析。

3.5.1.2 智能安防系统的基本组成

智能建筑的智能安防系统通常有以下四个子系统：

（1）出入口控制系统。出入口控制就是对建筑内外正常的出入通道进行管理，该系统既可以控制人员的出入，还能控制人员在楼内及其相关区域的行动。

（2）防盗报警系统。防盗报警系统就是用探测装置对建筑内外重要地点和区域进行布防，它可以探测非法侵入，并且在探测到有非法侵入时，及时向有关人员示警。一旦有报警便记录入侵的时间、地点，同时向监视系统发出信号，录下现场情况。

（3）闭路电视监控系统。在重要的场所安装摄像机，它为保安人员提供了利用眼睛直接监视建筑内外情况的手段，使保安人员在控制中心便可以监视整个建筑内外的情况，从而大大加强了保安的效果。监视系统除起到正常的监视作用外，在接到报警系统和出入口控制系统的示警信号后，还可以进行实时录像，录下报警时的现场情况，以供事后重放分析。

（4）保安人员巡更系统。巡更系统是保安人员在规定的巡逻路线上，在指定的时间和地点向中央监控站发回信号以表示正常。如果在指定的时间内，信号没有发到中央控制站，或不按规定的次序出现信号，系统将认为异常。有巡更以后，如果巡逻人员出现问题，如被困或被杀，则会很快被发觉，从而增加了大厦的安全性。

这四个子系统，既可以独立工作，也可以通过计算机网络系统相互通信和协调，形成一个系统整体。

3.5.2 闭路电视监控系统

闭路电视监控系统的主要功能是辅助安防系统对建筑物内的现场实况进行监

视，它使管理人员在控制室中能观察到建筑物内所有重要地点的情况，是安防系统中一个重要组成部分。随着近年来计算机、多媒体技术的发展，在智能建筑领域，模型矩阵控制系统将逐渐被多数字视频监控系统取代。

3.5.2.1 闭路监控系统的组成与特点

闭路监控电视系统根据其使用环境、使用部门和系统的功能而具有不同的组成方式，无论系统规模的大小和功能的多少，一般监控电视系统由摄像、传输、控制、图像处理和显示等四个部分组成，如图 3-26 所示。

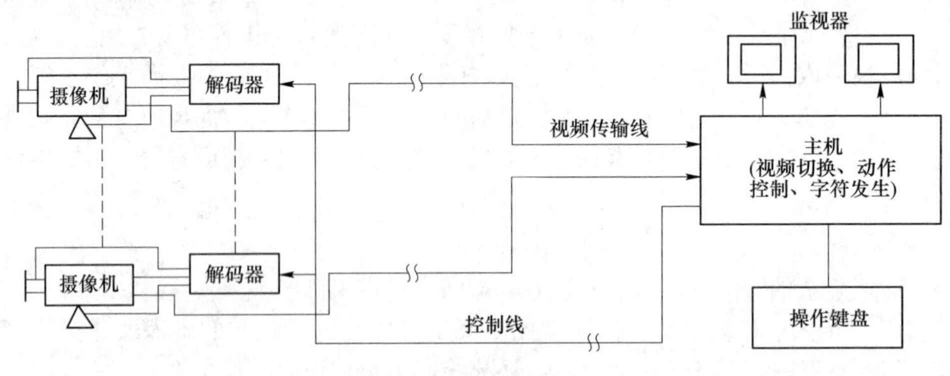

图 3-26 监控电视系统的组成

A 摄像部分

摄像部分的作用是把系统所监视的目标即把被摄物体的光、声信号变成电信号，然后送入系统的传输分配部分进行传送。摄像部分的核心是电视摄像机，它是光电信号转换的主体设备，是整个系统的眼睛。摄像机的种类很多，不同的系统可以根据不同的使用目的选择不同的摄像机以及镜头、滤色片等。

B 传输部分

传输部分的作用是将摄像机输出的视频（有时包括音频）信号馈送到中心机房或其他监视点。控制中心控制信号同样通过传输部分送到现场，以控制现场的云台和摄像机工作。

传输方式有两种：有线传输和无线传输。

近距离系统的传输一般采用以视频信号本身的所谓基带传输，有时也采用载波传送，采用光缆为传输介质的系统为光通信方式传送，传输分配部分主要有以下几种：

（1）馈线。传输馈线有同轴电缆（包括多芯电缆）、平衡式电缆、光缆。

（2）视频电缆补偿器。在长距离传输中，对长距离传输造成的视频信号损耗进行补偿放大，以保证信号的长距离传输而不影响图像质量。

（3）视频放大器。视频放大器用于系统的干线上，当传输距离较远时，对视频信号进行放大，以补偿传输过程中的信号衰减。具有双向传输功能的系统，必须采用双向放大器，这种双向放大器可同时对下行和上行信号给予补偿放大。

根据需要，视频（有时包括音频）信号和控制信号也可调制成微波，开路发送。

C 控制部分

控制部分的作用是在中心机房通过有关设备对系统的现场设备（摄像机、云台、灯光、防护罩等）进行远距离遥控，控制部分的主要设备有以下几种：

（1）集中控制器。集中控制器一般装在中心机房、调度室或某些监视点上，使用控制器再配合一些辅助设备，可以对摄像机工作状态，如电源的接通、关断、光圈大小、远距离、近距离（广角）变焦等进行遥控。对云台控制，输出交流电压至云台，以此驱动云台内电机转动，从而完成云台水平旋转、垂直俯仰旋转。

（2）微机控制器。微机控制器是一种较先进的多功能控制器，它采用微处理机技术，其稳定性和可靠性好。微机控制器与相应的解码器、云台控制器、视频切换器等设备配套使用，可以较方便地组成 1 级或 2 级控制，并留有功能扩展接口。

D 图像处理与显示部分

图像处理是指对系统传输的图像信号进行切换、记录、重放、加工和复制等功能。显示部分则是使用监视器进行图像重放，有时还采用投影电视来显示其图像信号。图像处理和显示部分的主要设备如下：

（1）视频切换器。它能对多路视频信号进行自动或手动切换，输出相应的视频信号，使一个监视器能监视多台摄像机信号。根据需要，在输出的视频信号上添加字符、时间等。

（2）监视器和录像机。监视器的作用是把送来的摄像机信号重现成图像。在系统中，一般需配备录像机，尤其在大型的安防系统中，录像系统还应具备如下功能：在进行监视的同时，可以根据需要定时记录监视目标的图像或数据，以便存档；根据对视频信号的分析或在其他指令控制下，能自动启动录像机，如设有伴音系统时，应能同时启动。系统应设有时标装置，以便在录像带上打上相应时标，将事故情况或预先选定的情况准确无误地录制下来，以备分析处理。

3.5.2.2 闭路监控系统的现场设备

在系统中，摄像机处于系统的最前端，它将被摄物体的光图像转变为电信号——视频信号，为系统提供信号源，因此它是系统中最重要的设备之一。

A 摄像机

摄像机的种类很多，从不同的角度可以分为多种类型。按颜色划分有彩色摄像机和黑白摄像机两种。按摄像器件的类型划分有电真空摄像器件（即摄像管）

和固体摄像器件（如 CCD 器件、MO 器件）两大类。电视监控系统中的摄像机通常选用 CCD 摄像器件。

从摄像机的性能指标看，电视监控系统使用的摄像机，要求彩色摄像机水平清晰度在 300 线以上，黑白摄像机则应在 350 线以上。摄像机的最低照度（或灵敏度）应达 0. 01lx。监控摄像机信噪比（图像信号与它的噪声信号之比，越高越好）应高于 46dB。

摄像机可采用多种镜头。使用定焦距（固定）镜头者，通常用于监视固定场所。使用变焦距镜头者，用于光照度经常变化的场所，还可对所监视场所的视场角及目的物进行变焦距摄取图像，使用方便、灵活，适合远距离观察和摄取目标，主要用于监视移动物体。还有一种针孔镜头，主要用于电梯轿厢等处的隐蔽监视。

B　云台和防护罩

云台分手动云台和电动云台两种。手动云台又称为支架或半固定支架。手动云台一般由螺栓固定在支撑物上，摄像机方向的调节有一定的范围，调整方向时可松开方向调节螺栓进行。调好后旋紧螺栓，摄像机的方向就固定下来。电动云台内多装两个电动机，这两个电动机一个负责水平方向的转动，另一个负责垂直方向的转动，承载摄像机进行水平和垂直两个方向的转动。

摄像机防护罩按其功能和使用环境可分为室内型防护罩、室外型防护罩、特殊型防护罩。室内型防护罩的要求比较简单，其主要功能是保护摄像机，能防尘，能通风，有防盗、防破坏功能。有时也考虑隐蔽作用，让人不易察觉。室外防护罩比室内防护罩要求高，其主要功能有防尘、防晒、防雨、防冻、防结露和防雪、能通风。多配有温度继电器，在温度高时自动打开风扇冷却，低时自动加热，下雨时可以控制雨刷器刷雨。

C　解码器

解码器完成对上述摄像机镜头，全方位云台的总线控制。

当摄像机与控制台距离比较近时（一般不超过 100m），可用直接控制方式来操作摄像机，这时用 13 芯电缆将动作指令传到摄像机处。当摄像机与控制台之间的距离超过 100m 时，则采用总线编码方式来操作摄像机，一台摄像机的电动云台和镜头配备一个解码器，解码器主要是将控制器发出的串行数据控制代码转换成控制电压，从而能正确自如地操作摄像机的电动云台和镜头。目前控制距离较远的，电动云台和变焦镜头较多的场合，常用上述方式，控制电缆由 13 芯改为 2 芯。

3. 5. 2. 3　控制中心控制设备与监视设备

A　视频信号分配器

视频信号分配，即将一路视频信号（或附加音频）分成多路信号，也就是说它可将一台摄像机送出的视频信号供给多台监视器或其他终端设备使用。

B 视频切换器

为了使一个监视器能监视多台摄像机信号，需要采用视频切换器。切换器除了具有扩大监视范围、节省监视器的作用外，有时还可用来产生特技效果，如图像混合、分割画面、特技图案、叠加字幕等处理。

C 视频矩阵主机

视频矩阵主机是电视监控系统中的核心设备，对系统内各设备的控制均是从这里发出和控制的，视频矩阵主机功能主要有：视频分配放大、视频切换、时间地址符号发生、专用电源等。有的视频矩阵主机，采用多媒体计算机作为主体控制设备。

在闭路监控系统中，视频矩阵切换主机的主要作用有：监视器能够任意显示多台摄像机摄取的图像信号；单台摄像机摄取的图像可同时送到多台监视器上显示；可通过主机发出的串行控制数据代码，去控制云台、摄像机镜头等现场设备。有的视频矩阵主机还设有报警输入接口，可以接收报警探测器发出的报警信号，并能通过报警输出接口去控制相关设备，可同时处理多路控制指令，供多个使用者同时使用系统。

智能建筑一般使用大规模矩阵切换主机，亦可称为可变容量矩阵切换主机。这类矩阵切换主机的规模一般都较大，且充分考虑了其矩阵规模的可扩展性。在以后的使用中，用户根据不同时期的需要可随意扩展。常用的128×32（128路视频输入、32路视频输出）、1024×64（1024路视频输入、64路视频输出）均属于大规模矩阵切换主机，系统扩展非常方便。

D 多画面处理器

多画面处理器有单工、双工和全双工类型之分，全双工多画面处理器是常用的画面处理器。全双工型可以连接两台监视器和录像机，其中一台用于录像作业，另一台用于录像带回放，这样就同时具有录像和回放功能，等效于一机二用，适用于金融机构这类要求录像不能停止的重要场合。

画面处理器按输入的摄像机路由，并同时能在一台监视器上显示的特点，分为4画面处理器、9画面处理器、16画面处理器等。

E 长时间录像机

长时间录像机，也称为长延时录像机或滞录像机等。这种录像机的主要功能和特点是可以用一盘180min的普通录像带，录制长达12h、24h、48h，甚至更长时间的图像内容。它每秒钟记录图像的帧数较正常时少，但报警时会自动转换为正常速度的标准实时录像功能，基本上能满足闭路监控系统的需求，成为常用的图像记录工具。

F 硬盘录像机

以视频矩阵、画面处理器、长时间录像机为代表的模拟闭路监控系统，采用录像带作为存储介质，以手动和自动相结合的方式实现现场监控。这种传统方法常有回放图像质量不能令人满意、远距离传输质量下降多、搜索（检索）不易、不便操作管理、影像不能进行处理等诸多缺陷。

硬盘录像机用计算机取代了原来模拟式闭路电视监视系统的视频矩阵主机、画面处理器、长时间录像机等多种设备。它把模拟的图像转化成数字信号，因此也称数字录像机。它以 MPEG 图像压缩技术实时储存于计算机硬盘中，检索图像方便快速，可连续录像几十天。

硬盘录像机通过串行通信接口连接现场解码器，可以对云台、摄像机镜头及防护罩进行远距离控制，还可存储报警信号前后的画面。计算机系统可以方便地自动识别每帧图像的差别，利用这一点可以实现自动报警功能。如在被监视的画面之中设立自动报警区域（例如文章的某一区域、窗户、门等），当自动报警区域的画面发生变化时（如有人进入自动报警区域），数字监控录像机自动报警，拨通预先设置的电话号码，报警的时间将自动记录下来。报警区域的图像被自动保存到硬盘中。

G 监视器

监视器是闭路监控系统的终端显示设备，它用来重现被摄图像，最直观反映了系统质量的优劣。闭路监控系统常用通用型黑白监视器或专业级的彩色监视器。黑白监视器的中心分辨率通常可达 800 线以上，彩色监视器的分辨率一般为 300 线以上，图像监视器视频信号的带宽一般在 7~8MHz 范围内。

3.5.2.4 数字视频监控系统

数字视频监控系统是将拍摄到的图像信息转换成数字信息存储在计算机硬盘中的系统，由摄像头和一台高配置的计算机组成，录像时间最长达半年之久，并具有定时录像、网上监控、防盗报警和微机兼用等辅助功能，使它成为传统视频监控系统的换代产品。数字视频监控系统由视频控制系统、监控管理器、数字记录系统及局域网组成，如图 3-27 所示。从图中还可见到，它还可以通过 MODEN 连入 Internet，实现闭路监控的远程控制。

一般系统可设置 1 台系统主控制器和 15 台系统分控制器、240 台摄像机和 64 台监视器。在系统主控制器不工作时，分控制器能按优先级别自动接替主控制器的系统通信管理工作，使系统继续正常工作，保证系统的可靠运行。现场编程功能可灵活设置系统工程的规模、各分控制器的控制操作范围、报警后联动动作等，使系统符合用户的要求。现场摄像机的云台控制具有自动线扫、面扫、定点寻位功能，为操作员快速寻找重点监视部位提供强有力的手段，并具有报警后自动开机和自动寻找预定监视部位的功能。

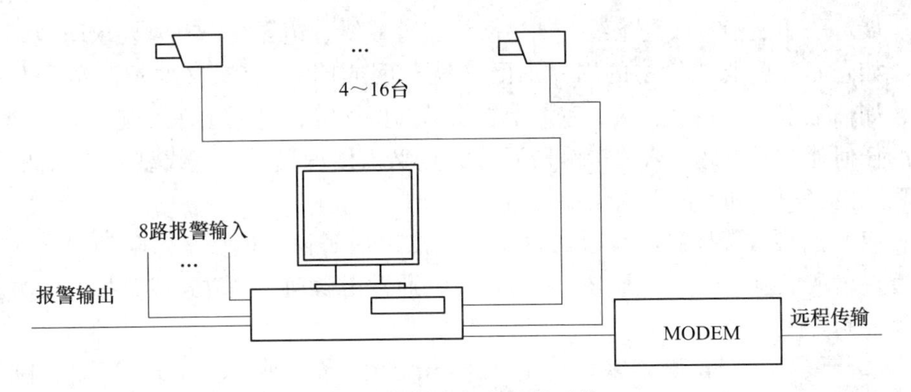

图 3-27　数字视频监控系统

数字视频监控系统采用多媒体技术，还可以将 CCD 摄像机作为报警探头。摄像机将获取的视频信号传输到主机，主机里的高速图像处理器对视频信号进行数字化处理，将视频信号形成的图像与背景图像进行分析比较。若监视区域有移动目标时，图像信号就会发生变化，这种变化超过一定标准时，主机则会自动报警。同时主机自动采集报警图像并存入计算机，事后可根据时间、地点随时查阅报警现场的图像，以了解报警原因。这样，闭路监控系统就与报警合二为一，实现了监视、报警与图像记录的同步进行；而且这种系统把所有报警记录都储存在计算机硬盘中，屏幕上的软件对所有操作都有提示，使用十分方便。

3.5.3　防盗报警系统

防盗报警系统通常由探测器、信号传输通道和控制器组成，最基本的防盗报警系统则由设置在现场警戒范围的入侵探测器与报警控制器组成，典型系统的组成如图 3-28 所示。

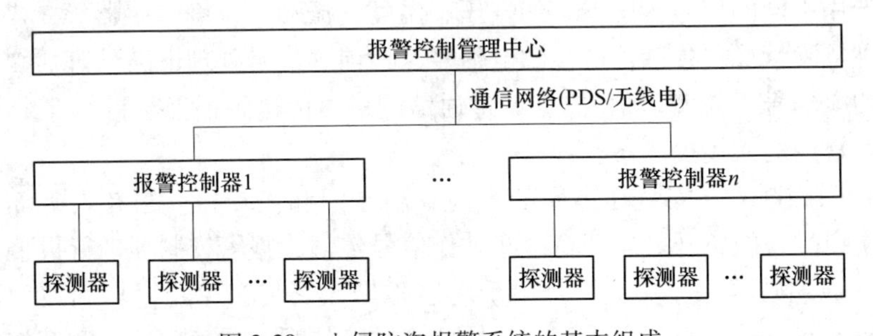

图 3-28　入侵防盗报警系统的基本组成

3.5.3.1　入侵探测器

入侵探测器是由传感器和信号处理器组成的用来探测入侵者入侵行为的机电装置。入侵报警探测器需要防范入侵的地方可以是某些特定部位，如门、窗、柜台、展览厅的展柜；或是条线，如边防线、警戒线、边界线；有时要求防范某个面，如仓库、重要建筑物的周界围网（铁丝网或墙）；有时又要求防范的是空间，如档案室、资料室、武器室、珍贵物品的展厅等，它不允许入侵者进入其空间的任何地方。因此，入侵探测器可分为点型入侵探测器、直线型入侵探测器、面型入侵探测器和空间型入侵探测器。

（1）点型入侵探测器警戒的仅是某一点，如门窗、柜台、保险柜。当这一监控点出现危险情况时，即发出报警信号，通常由微动开关方式或磁控开关方式报警控制。

（2）线型入侵探测器警戒的是一条线，当这条警戒线上出现危险情况时，发出报警信号。如光电报警器或激光报警器，先由光源或激光器发出一束光或激光，被接收器接收，当光和激光被遮断时，报警器即发出报警信号。

（3）面型入侵探测器警戒范围为一个面，当警戒面上出现危害时，即发出报警信号。如振动报警器装在一面墙上，当墙面上任何一点受到振动时即发出报警信号。

（4）空间型入侵探测器警戒的范围是一个空间的任意处出现入侵危害时，即发出报警信号。如在微波多普勒报警器所警戒的空间内，入侵者从门窗、天花板或地板的任何一处进入都会产生报警信号。

入侵探测器应有防拆、防破坏等保护功能。当入侵者企图拆开外壳或信号传输线断路、短路或接其他负载时，探测器能自动报警；还应有较强的抗干扰能力。在探测范围内，任何小动物或长150mm、直径为30mm具有与小动物类似的红外辐射特性的圆筒大小物体都不应使探测器产生报警；在建筑环境内常见的声、光、气流、电火花等干扰下，不会产生误报。

入侵探测器通常由传感器和前置信号处理电路两部分组成。根据不同的防范场所，选用不同的信号传感器，如气压、温度、振动、幅度传感器等，来探测和预报各种危险情况。传感器产生的电信号，经前置信号处理电路处理后变成信道中传输的电信号（探测电信号），通过通信网络，传送到报警控制器。

目前常用的入侵探测器有：

（1）门磁开关：安装在单元的大门、阳台门和窗户上。当有人破坏单元的大门或窗户时，门磁开关立即将这些动作信号传输给报警控制器进行报警。

（2）玻璃破碎探测器：主要用于周边防护，安装在单元窗户和玻璃门附近的墙上或天花板上。当窗户或阳台门的玻璃被打破时，玻璃破碎探测器探测到玻璃破碎的声音后立即将探测到的信号传给报警控制器进行报警。

（3）红外探测器和红外/微波双鉴器：用于区域防护，通常安装在重要的房间和主要通道的墙上或天花板上。当有人非法侵入后，红外探测器通过探测到人体的温度来确定有人非法侵入，红外/微波双鉴器探测到人体的温度和移动来确定有人非法侵入，并将探测到的信号传输给报警控制器进行报警。管理人员也可以通过程序来设定红外探测器和红外/微波双鉴器的等级和灵敏度。

（4）振动电磁传感器：用于目标防护，能探测出物体的振动，将其固定在地面或保险柜上，就能探测出入侵者走动或撬挖保险柜的动作。也可通过紧急呼救按钮和脚挑开关实现人工报警。这些开关或按钮，主要安装在人员流动比较多的位置，以便在遇到意外情况时可按下按钮/踩动开关向保安部门进行呼救报警。

3.5.3.2　信号传输信道

信号传输信道种类极多，通常分有线信道和无线信道。有线信道常用双绞线、电力线、电话线、电缆或光缆传输探测电信号，可充分利用综合布线；而无线信道则是将控测电信号调制到规定的无线电频段上，用无线电波传输探测电信号，这种方式多在特殊情况下使用。

3.5.3.3　报警控制器

控制器通常由信号处理器和报警装置组成。由有线或无线信道送来的探测电信号经信号处理器作深入处理，以判断“有”或“无”危险信号。若有危险，控制器就控制报警装置，发出声光报警信号，提示值班人员采取相应的措施，或直接向公安保卫部门发出报警信号。其主要功能如图 3-29 所示。

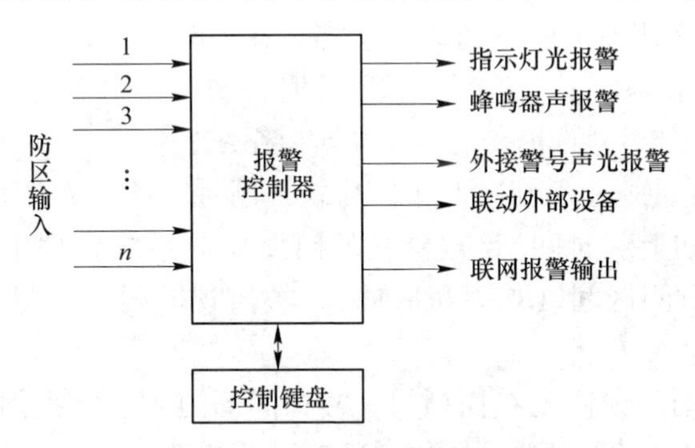

图 3-29　报警控制器的主要功能

报警控制器分两种：集中报警控制器（即报警控制管理中心）和区域报警控制器。集中报警控制器通常设置在安保人员工作的地方，与计算机网络相连，可随时监控各子系统的工作状态。区域报警控制器则常安装在各单元大门内附近的墙上，以便管理人员在出入单元时进行设防（包括全布防和半布防）和撤防的设置。

3.5.4　出入口系统

出入口控制系统也称为门禁管理系统。它对建筑物正常的出入通道进行管理，控制人员出入，控制人员在楼内或相关区域的行动。其基本结构如图 3-30 所示。

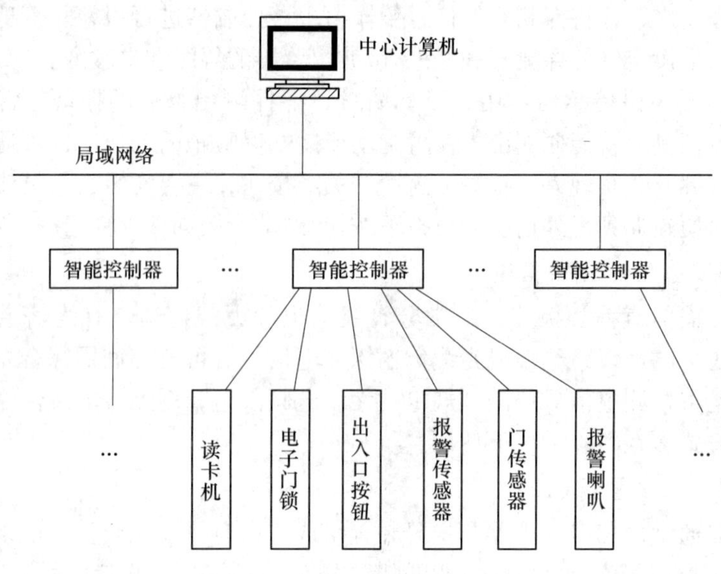

图 3-30　出入口系统的基本结构

通常，实现出入口控制的方式“从宽到严”有以下三种递进方式：

（1）安装门磁开关了解门的通行状态。在办公室门、通道门、营业大厅门等通行门处安装门磁开关，当通行门开/关时，安装在门上的门磁开关会向系统控制中心发出该门开/关的状态信号，同时，系统控制中心将该门开/关的时间、状态、门地址，记录在计算机硬盘中。另外，也通过时间诱发程序命令，设定某一时间区间内（如上班时间），被监视的门无需向系统管理中心报告其开关状态；而在其他的时间区间（如下班时间），被监视的门开/关时，向系统管理中心报警，同时记录。

（2）增设电动门锁监视和控制门。楼梯间通道门、防火门等需要监视和控制，除了安装门磁开关，还需增设电动门锁。系统管理中心可以监视这些门的状态，还可以直接控制这些门的开启和关闭。可以利用时间诱发程序命令，设某通道门在一个时间区间（如上班时间）内处于开启状态，在其他时间（如下班时间以后）处于闭锁状态；或利用事件诱发程序命令，在出现火警等紧急情况时，联动门开启或关闭。

（3）增设读卡机进行身份控制。在需要监视、控制和身份识别的门或有通道门的高保安区（如金库门、主要设备控制中心机房、计算机房、配电房等），除了安装门磁开关、电控锁之外，还需安装卡识别器或密码键盘等出入口控制装置；由中心控制室监控，采用计算机多重任务处理，对各通道的位置、通行对象及通行时间等实时进行控制或设定程序控制，并将所有的活动记录下来，可随时查阅重点区域人员的进出情况和身份。

3.5.5 安保人员巡更系统

巡更系统是一种人防和技防相结合的防护系统，既可以用计算机组成一个独立的系统，也可以纳入整个监控系统。对于智能建筑而言，巡更系统应与其他子系统通过网络合并，组成一个完整的智能安防系统。

巡更管理系统的结构分为：现场控制器、监控中心、巡更点匙控开关。一般分为有线巡更和离线巡更两种类型，这两种系统并无太大的区别，只是有线巡更系统可以给巡更人员一种实时的保护。

3.5.5.1 离线电子巡更系统

离线电子巡更系统由信息钮、巡更棒、通信座、电脑及管理软件组成。

系统先将信息钮安装在小区重要部位（需要巡检的地方），然后保安人员根据要求的时间、沿指定路线巡逻，用巡更棒逐个阅读沿路的信息钮，便可记录信息钮数据、巡更员到达日期、时间、地点等相关信息。保安人员巡逻结束后，将巡更棒通过通信座与微机连接，将巡更棒中的数据输送到计算机中，在计算机中进行统计考核。巡更棒在数据输送完毕后自动清零，以备下次再用。整个统计过程只需几分钟即可完成，方便、准确。管理人员可随时查询各项报表，掌握第一手资料，也可以按月、季度、年度等方式查询，有效评估保安员的工作。

信息钮是保安巡更的基础，它的形状类似躲开计算器电池，直径 1.6cm，其中结构为密闭的集成电路芯片，每个信息钮中都存有一个永久不变数据，通过专用的手持式数据识读器（巡更棒）识读。信息钮的固定由一种特殊设计的托架或黏胶垫固定在物体的表面。此系统可在恶劣环境（酸、碱强腐蚀等）中持续工作，钮可使用 10 年，识读次数为 35 万次以上，识读器内存 128KB（持读识读 8000 次），使用寿命可达 8 年以上。

离线电子巡更系统无需布线，巡更棒体积小，巡更棒、信息钮为全不锈钢结构，耐酸、耐雨，系统投资少、安全可靠、寿命长，是智能建筑首选的电子巡更系统。

3.5.5.2 有线巡更系统

有线巡更系统是将读卡器或其他数据识读器安装在小区重要部位（需要巡检的地方），再用总线连接到控制中心的电脑主机上。保安人员根据要求的时间、沿指定路线巡逻，用数据卡或信息钮在读卡器或其他数据识读器识读，保安人员到达日期、时间、地点等相关信息实时附到控制中心的计算机，计算机可记录、存储所有数据。管理人员可随时查询巡更记录，掌握第一手资料，也可以按月、季度、年度等方式查询，有效评估保安人员的工作。由于系统能实时读取保安人员的巡更记录，所以能对保安人员实施保护，一旦保安人员未在规定时间、规定地点出现，或是保安人员失职，或是保安人员出现意外。

现在经常把电子巡更系统和门禁管理系统结合在一起。利用现有门禁系统的读卡器实现巡更信号的实时输入，门禁系统的门禁读卡模块实时地将巡更信号传到门禁控制中心的计算机，通过巡更系统软件就可解读巡更数据，既能实现巡更功能又节省造价。此系统通常用在有读卡器的单元门主机的系统里。

有线巡更系统采用总线制连接方式，主控室能实时监控巡更人员的巡更路线，并记录巡更情况。系统软件可将巡更人员、巡更点、巡逻路线和报警事件等打印报表，以供管理人员查询。系统对巡更点进行实时检测，对于漏检点及提前或未按时到达指定巡更点的事件自动产生报警。可以设定巡更路线，并可以任意更改，也可以同时管理多条巡更路线上的巡更人员巡逻。

3.5.6 智能对讲系统

对讲系统主要应用于智能建筑的门岗管理，对讲系统有普通和可视对讲两种系统。在智能楼宇中，对讲系统是管理中心或来访者与用户直接通话的一种快捷的通信方式。

智能对讲系统安装上摄像机，能实现可视对讲。可视对讲系统安装在入口，当有客人来访时，按压室外机按钮，室内机的电视屏幕上即会显示出来访者和室外情况。摘下室内机即可与来访者通话。在无人呼叫时，按压室内机的监视键，可主动监视外部。如果配备电子门锁，只要按压室内机的开门键。大门上的电子锁即会自动打开和关闭，可供值班人员夜间出入。如果将楼宇访客、出入口控制、防盗报警、周界防范等安防系统有机地结合在一起，就成为智能化综合对讲系统。

3.5.6.1 智能对讲系统的特点

智能对讲系统的特点包括：系统联网、访客控制、呼叫管理、信息记录、连接探头、报警联动、户户通话、分级管理、系统扩展、视频导出、电梯控制等。其中，连接探头、报警联动、视频导出、电梯控制成为对讲系统智能化标志。

连接探头、报警联动是指系统能够连接各种烟雾、瓦斯、(门磁、玻璃破碎、红外等) 报警探头，探头一旦触发，信号即刻传送至管理机进行处理，完全符合现代安全防范整体技术要求。在探头报警的同时，系统可启动灯光、声响及各种类型的电控机械等联动设备，对报警进行及时地处理。视频导出是将可视门口机的视频信号引入监控系统中进行实时监控，增加监控范围，极大地提高了摄像头的利用率。通过选用专用报警输入端，并对其合理编设，经与电梯控制部分连接后，可对大楼电梯的运行进行控制。在高效利用电梯的同时，还可对电梯停靠的楼层实现控制，既保障了住户的安全，又方便住户和访客的日常使用。

3.5.6.2 对讲系统的线路

目前，对讲系统的线路根据设备的不同有下列几种形式。

（1）多芯线和视频线：视频线为单独设置的 75Ω 同轴电缆，多芯线可以采用截面积为 0.4mm^2 以上的导线；

（2）基于有线电视网络：采用有线电视网络的同轴电缆；

（3）基于以太网：采用双绞线。

目前有一种可视对讲、室内安防、远程自动抄表和电子巡更系统，利用有线电视调制的方式传送图像、语音和控制信号，也就是把图像、语音及数据信号调制到一个空闲的有线电视频道上，语音、数据信号只占用 5kHz 左右带宽，特别适合高层建筑的可视对讲、室内安防及远程自动抄表工作。该系统还可以使用电视机作为可视对讲终端，进一步降低系统造价。

3.6 广播系统

智能建筑的广播系统基本上归纳为三种：一是公共广播系统（PA，Public Address System），属有线广播，包括背景音乐和紧急广播功能，平时播放背景音乐或其他节目，出现火灾等紧急事故时，转换为报警广播。这种系统中广播用的话筒与向公众广播的扬声器一般不处于同一房间内，无声反馈的问题，多采用定压式传输方式。二是厅堂扩声系统，这种系统使用专业音响设备，要求有大功率的扬声器系统和功放，系统一般采用低阻直接传输方式，以避免传声器与扬声器同处一室引发的声反馈，甚至啸叫。三是专用的会议系统，它是一种具有特殊功能的扩声系统，如同声传译系统等。

公共广播系统一般要求联网，以接受火灾报警器等的联动控制，其他两种一般独立使用。

3.6.1 广播系统的组成

广播音响系统分为四个部分：节目源设备、信号放大和处理设备、传输线路和扬声器系统。

（1）节目源设备：节目源通常为无线电广播，由激光唱机和录音卡座等设备提供，此外还有传声器、电子乐器等。

（2）信号放大和处理设备：包括调音台、前置放大器、功率放大器、各种控制器及音响加工设备等。这部分设备的首要任务是信号放大，其次是信号的选择；调音台和前置放大器的作用和功能相似（调音台的功能和性能指标更高）。它们的基本功能是完成信号的选择和前置放大，并对音量和音响效果进行各种调整和控制。有时为了更好地进行频率均衡和音色美化，还另外单独投入均衡器。这部分是整个广播音响系统的“控制中心”；功率放大器则将前置放大器或调音台送来的信号进行功率放大，再通过传输线驱动扬声器放声。

（3）传输线路：虽然简单，但随着系统和传输方式的不同而有不同的要求。对礼堂、剧场等，由于功率放大器与扬声器的距离不远，一般采用低阻大电流的直接馈送方式；传输线要求用专用喇叭线，而对公共广播系统，由于服务区域广、距离长，为了减少传输线路引起的损耗，经常采用高压传输方式，对传输线要求不高。

（4）扬声器系统：扬声器系统要求整个系统匹配，同时其位置的选择也需切合实际。礼堂、剧场和歌舞厅音色与音质的要求高，扬声器一般用大功率音箱；而公共广播系统采用3～6W天花喇叭即可满足要求。

3.6.2 背景音乐广播的特点

背景音乐（BGM，Back Ground Music），是一种掩盖噪声、音量较小，制造轻松愉快环境气氛的音乐。听者若不用心，就难以辨别其声源位置。

因此，背景音乐的效果有两个，一是心理上掩盖环境噪声，二是制造与室内环境相适应的气氛，它在宾馆、酒店、餐厅、商场、医院和办公楼等场合广泛应用。乐曲应具有抒情或轻松的风格，而不应使用强烈或刺激性的乐曲。

背景音乐不是立体声，而是单声道音乐，这是因为立体声要求能分辨出声源方位，并且有纵深感。背景音乐则是不专心听就意识不到声音从何处来，并不希望被人感觉出声源的位置，以至要求把声源隐蔽起来，而音量较轻，以不影响两人对面讲话为标准。

3.6.3 消防广播的特点

消防广播是在有事故发生时启用，所以它跟人身的安全有密切关系，有以下特点：

（1）消防报警信号在系统中具有最高优先权，对日常广播状态具有自动切断功能；

（2）便于消防报警值班人员操作；

（3）传输电缆和扬声器具有防火特性；

（4）配有备用电源，在交流电断电的情况下也能保证报警广播。

4 智能建筑通信系统

智能建筑通信系统是智能建筑的主要组成部分，它为建筑物的使用者提供最快和最有效的服务。通信自动化系统对来自建筑物内外的各种不同的信息进行收集、处理、存储、传输等工作。本章从通信系统的原理入手，介绍智能建筑中各类通信系统的工作原理和特点。

4.1 通信系统的基本原理

4.1.1 通信系统的组成

通信系统的一般模型如图 4-1 所示，由以下部分组成。

（1）信息源：原始电信号的来源，其作用是将消息转换成相应的电信号。

（2）收信者：原始信号的最终接收者。

（3）发送设备：对信源产生的原始电信号进行调制，使其能够在信道中传输。数字通信系统的发送设备又常分为信道编码与信源编码，如图 4-2 所示。

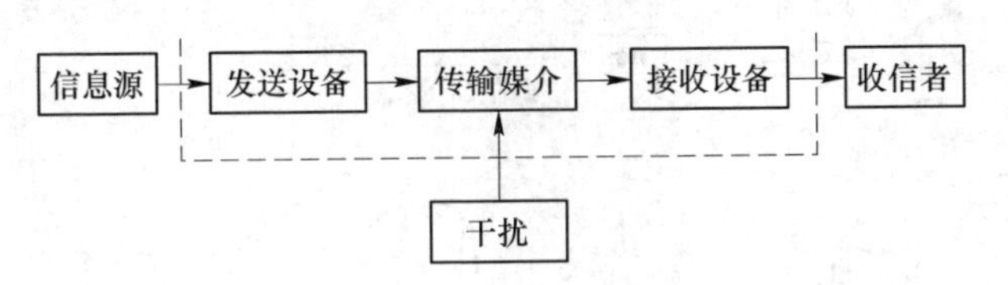

图 4-1　通信系统的一般模型

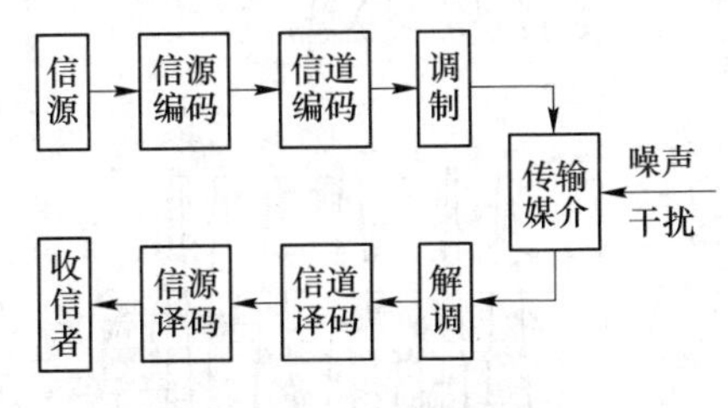

图 4-2　数字通信系统的组成

（4）传输媒介：从发送设备到接收设备之间信号传递所经过的媒介，在传输过程中会受到外界和自身干扰，掺入噪声。

（5）接收设备：接收发送设备发出的信号，对其进行解调还原。

上述是一个单向通信系统，但在大多数场合下，信源也是收信者，如电话。

4.1.2 调制原理及多路复用技术

由于电信源产生的原始信号不能在大多数信道直接传输，需经过调制将它变换成适于在信道内传输的信号。调制是用欲传输的原始信号 $f(t)$ 去控制高频简谐波或周期性脉冲信号的某个参量，使之随 $f(t)$ 线性变化，经过调制后的信号称为已调信号。已调信号既携带原有信息，又能在信道中传输。解调是对调制信号做反变换，从已调制信号中恢复出原始信号。

调制方法可以分为两种，一是模拟调制，如调频调幅广播；另一种是数字调制，最常用的是脉冲编码调制（PCM）方式，此外还有差分编码调制（DPCM）和增量调制（AM）等。

（1）模拟调制。调制过程就是把电信号装载在一个被称作载波的高频率波上的过程。信号源发出的语音电信号是一个连续变化的波动信号，称为模拟信号，将这种连续变化的模拟信号装到载波上，称为模拟调制。调制后的电信号还是连续的（见图 4-3），这种调制方式主要用于明线、对称电缆、同轴电缆以及微波中继线路。

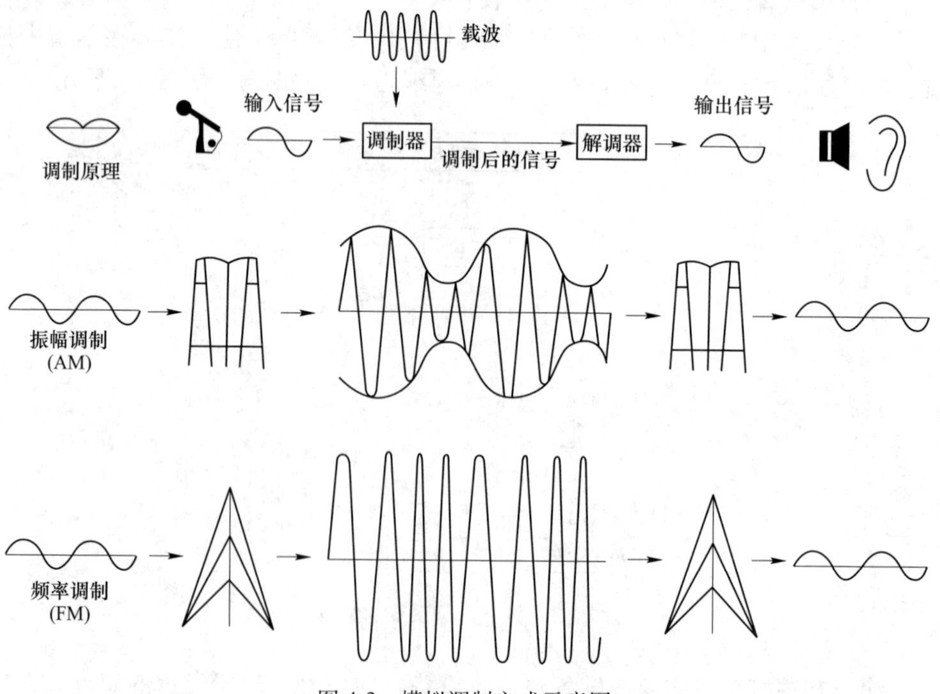

图 4-3 模拟调制方式示意图

（2）数字调制方式。数字调制方式就是把语音、图像等模拟电信号变换成数字代码，然后传送到按脉冲“有”“无”进行变换的数字载波上。脉冲编码调制（PCM）原理是这样的：首先将一个连续变化的模拟电信号每隔一定的时间间隔提取一个信号的幅度值，如将语音信号（频率为 300～3400Hz），每隔 1/8000s 进行抽样，形成离散样值信号串；由于间隔时间极短，因此离散信号听起来如同原始连续信号。抽样值取出后，用规定的标准电平衡量每一样值，从而得到量化值，再以二进制数字来表示，就成为用 0 和 1 表示的数字信号，即 PCM 信号，如图 4-4 所示。

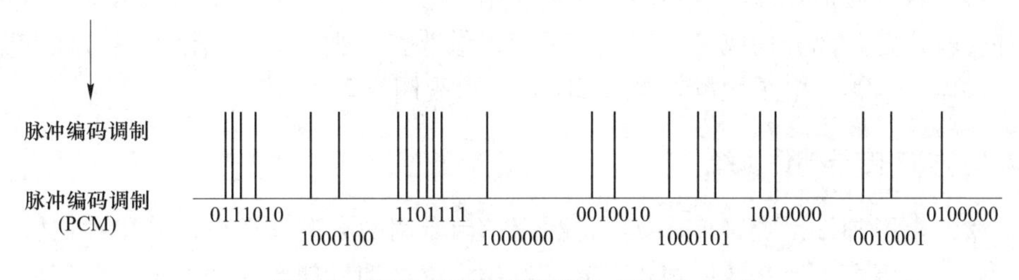

图 4-4　数字式脉冲编码调制（PCM）原理

在数字通信中，多采用时分复用方式来提高信道的传输效率，用一根同轴电缆可传输 1920 路的电话，且各路电话之间的传送是相互独立、互不干扰。时分复用（TDM，Time-Division Multiplexing）的主要特点是利用不同时隙来传送各路不同信号，如图 4-5 所示。将 A、B、C 三路话音电信号通过数字调制取样后，按时间顺序，有规律地将三路电信号排起来，在一条公共的线路上周期性地发送，在接收端再对各自的信号按时间顺序进行区分，使三路信号分开、复原，达到时间分割、多路复用的目的。通信系统常采用在一个抽样周期内包含 32 个时隙的 32 路 PCM 系统。

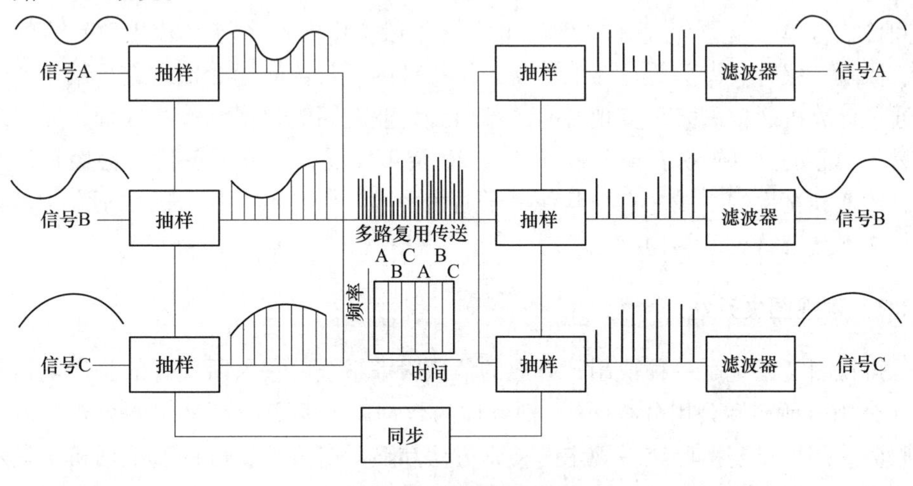

图 4-5　时分复用原理

通信系统除了完成信息传递外，还必须进行信息的交换，传输系统和交换系统共同组成一个完整的通信系统。现代交换系统使用数字程控自动交换机，它能自动持续电话呼叫和数据传输，是一个综合数字网的关键。因此，在智能建筑领域广泛使用数字交换机。

4.2 楼宇数据通信系统

楼宇数据通信是计算机与通信技术相结合的产物。一个数据通信系统由数据站和传输线路两部分构成，数据通信可以提供数据库业务、信息检索等方面的服务，如电子信箱、电子数据交换（EDI）及可视图文系统等。

4.2.1 楼宇电子邮件系统

楼宇电子邮件系统（E-mail）是利用一台专用的大型计算机，采用存储转发的方式，为用户迅速有效地提供信息的存储、交换和处理方向的业务。公用网上的电子邮件系统与公共电话网、分组公用数据交换网和用户电报网联接，用户只要拥有一台计算机，向提供服务的部门申请一个或几个邮箱名，并在自己的终端设备加装一部调制解调器，就能在任何地点、任何时间输入口令或密码，通过通信线路进入电子邮件系统取出或发出电子邮件，如 E-mail 就是 Internet 为全球用户提供的一种通信方法。楼宇电子邮件系统应具有存储及提取文本、传真等邮政业务功能。

4.2.2 电子数据交换

电子数据交换（EDI，常译为无纸交易，即 Paperless Trade）是一种在公司之间传输订单、发票等商业文件的电子化手段。EDI 先将与贸易活动有关的运输、保险、银行、海关等行业的信息，用一种国际公认的标准格式进行编制，然后通过计算机通信网络，实现各有关部门或企业之间的数据传输与处理，完成以贸易为中心的全部业务过程。EDI 历经 20 余年发展，已成为现代社会经济活动信息传递和交换的手段，它与其他电子通信手段，如 E-mail 最大的区别在于其数据与文本具有特定的结构特征。

4.2.3 可视图文系统

可视图文系统是一种公用、开放的信息服务系统。它利用现有的公用电信网络（公用电话网和公用分组网），把各地的数据库资源组织起来，向公众开放信息服务。用户只要按照统一规定的检索方法和显示格式，就可通过电话机、显示屏等组成的用户终端，获取可视信息网上数据库中的信息。

4.3　楼宇会议电视和可视电话系统

楼宇会议电视传递活动图像，而可视电话则属于静止图像通信系统。这两种系统通过具有视频压缩功能的设备向使用者显示近处或远处的图像，并进行通话。

4.3.1　会议电视

会议电视是利用电视召开会议的一种通信方式，会议电视系统由会议电视的终端设备、传输设备以及传输信道组成。目前，会议电视的传送信道是利用现有的数字微波、数字光纤、卫星等数字通信信道。图 4-6 示出了电视会议室终端设备的基本配置。通过基本配置，把不同地点的会议电视终端经数字信道对接，就可以召开点对点的电视会议，如果要在多个不同地点同时召开电视会议，就要建立多点会议电视网。

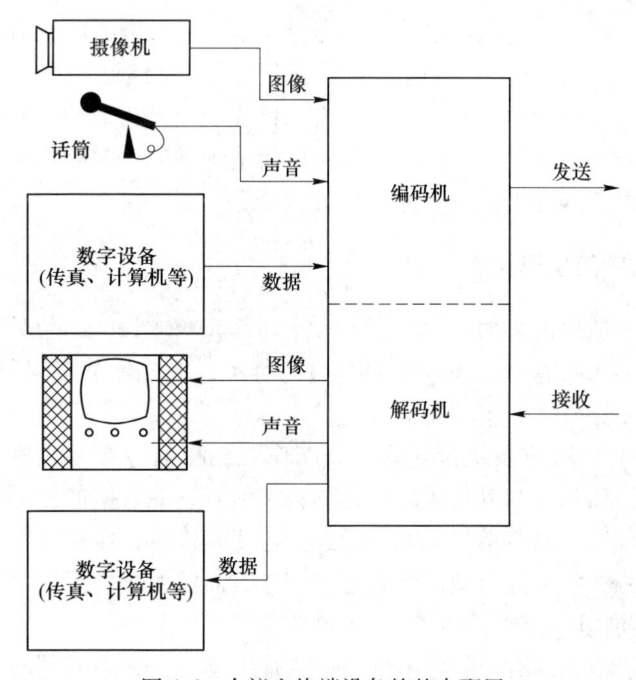

图 4-6　会议室终端设备的基本配置

4.3.2　可视电话机

可视电话机是介于电话和彩色数字电视电话之间的图像通信产品，是一个简易的电脑，有一个摄像头和一个显示器，其工作过程与电脑上网过程类似。先是把摄像头拍摄的数码照片打包，然后用现有的一路模拟话路在正常通话的间隙，在几秒钟内向对方传送一幅一定质量的黑白或彩色图像，另一部电话则接收、解压、播放。

目前的可视电话产品的帧存储器可存储4幅画面。其中一幅为本地准备或已经传送给对方的图像，其余三幅则为对方最新传送过来的图像。显示设有两种工作模式，即显示自身（一幅）待发送的图像，显示对方（三幅）发送过来的图像，人可以在三幅存储图像中任意选择一幅观看。

国内目前的可视电话都有一个独立的公网 IP 地址，但暂不能实现局域网内的 IP 地址。

4.4 楼宇卫星通信系统

卫星通信系统是智能楼宇通信网的一个组成部分，为智能楼宇提供与外部通信的一条链路，使楼宇的通信系统更为完善、全面，为跨区域通信奠定基础。以小型卫星通信系统（VSAT）为例，该系统由卫星、枢纽站和小地球站组成。卫星通信实际上是微波中继技术与空间技术的结合，它把微波中继站设在卫星上（称为转发器），终端站设在地球上（称为地球站），形成中继距离（地球站至卫星）长达几千千米乃至几万千米的传输线路。

4.4.1 楼宇数字卫星通信系统

智能楼宇中适用的多为 VSAT（Very Small Aperture Terminal）卫星通信系统，这类系统均为全数字系统，其构成如图 4-7 所示，主要环节有编码、多路复用、调制、解调、多路分离、解码等。

利用数字卫星通信系统传送语言、图像等模拟信号必须先进行 A/D 转换，变成数字信号，该信号与其他需要传送的数字信号，如数据信号一起通过时分多路复用，处理成数字基带信号，调制后经卫星线路传输，在接收端经解调后恢复成数字基带信号，经多路分离出单路数字信号，需转换成模拟信号的数字信号再经过 D/A 转换恢复成模拟信号。

在 VSAT 系统中，语音信号的编码主要有连续可变斜率增量调制和自适应差分脉宽调制两种方式，以及相应的时分多路复用。连续可变斜率增量调制方式（CVSL）是在每一个音节时间范围内提取信号的平均斜率，使量阶自动地随平均斜率的大小而连续变化。

VSAT 系统传输数据时，一般是非实时性的，利用空隙时间间断性地进行。数据传输主要是指人与计算机，或计算机之间进行的通信。数据传输是靠机器识

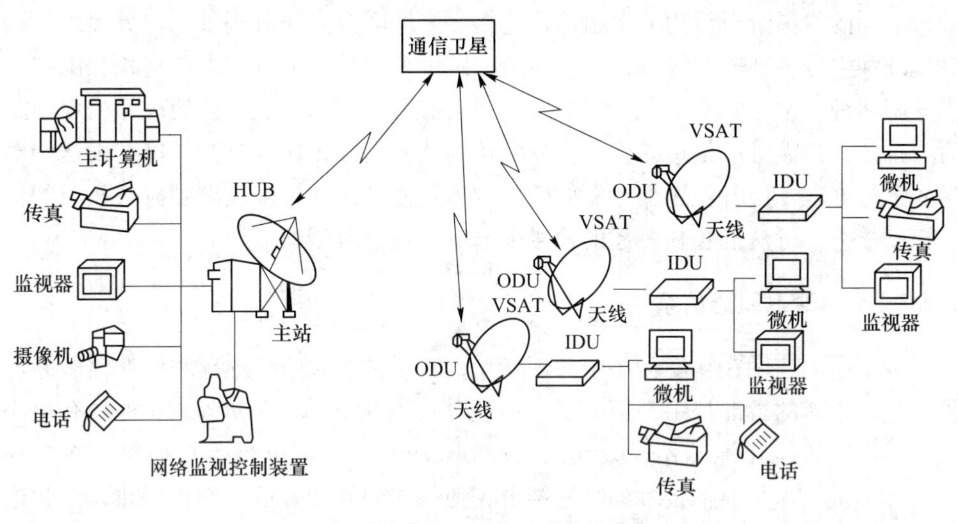

(a)

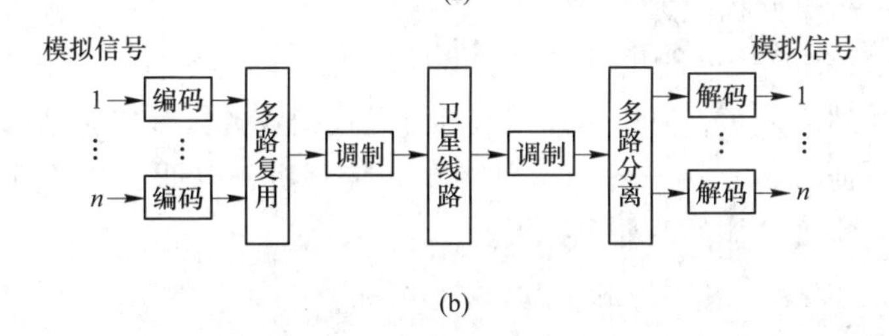

(b)

图 4-7　VSAT 卫星通信系统的组成（a）与工作原理（b）框图

别接收到的数据，在传输过程中由于干扰等原因所造成的差错不能靠人工进行识别和校正，因此其传输的准确性和可靠性要求更高。数据传输的代码按时空顺序分类，可分为串行传输和并行传输。

并行传输需占用多条通道同时传输一个字符的各个比特，虽然传输速度快，但由于占用通道过多因而很少用。串行传输则是把组成一个字符的第一位到第 N 位代码按时序依次在一个通道中传输，又分为局部同步传输和连续同步传输两种方式。两者的区别主要是前者是每一字符前后附加起始码和终止码后单独进行传输，适于断续传输；后者是一块数据前后加上起始和终止标志进行传输，是一种效率较高、适于高速传输的方法。

4.4.2　卫星通信的多址方式

卫星通信不同于其他无线电通信形式的主要特点在于其覆盖面积大，非常适用于多个站之间的同时通信，即多址通信。卫星天线波束覆盖区任何地球站可以通过共同的卫星进行双边或多边通信连接。多址联接有频分多址、时分多址、码分多址和空分多址等四种方式。在多址方式中涉及的信道分配方法有预分配和按需分配两种。预分配是一种固定分配方式；按需分配则是根据各地球站的申请临时安排的，按需分配信道。实现多址联接的技术基础是信号分割，即在发送端对信号进行处理，使各发送端所发射的信号各有差异，而各接收端则具备相应的信号识别能力，可从混合在一起的信号中选取出各自所需的信号。

4.4.3 VSAT卫星通信系统

卫星通信应用在智能楼宇中的现状是，除了共享大中型地球站的通信服务之外，越来越多的智能楼宇都配备了小型地球站（VSAT）。VSAT是一种具有很小口径天线的智能化地球站，天线的口径在1m左右，可以很容易地安装在楼顶上。计算机技术与通信技术的紧密结合，使得VSAT具有很高的智能化程度，这包括很强的信号处理能力、对各种通信业务的自适应能力，以及对系统工作参数和工作状态的检测监控能力。

VSAT的设备要较一般地球站简单得多，相应的体积小、重量轻、造价低、易于普及，建站周期短，可以迅速安装并开通通信业务。模块化结构使用户的使用非常简洁方便，可直接与各种用户终端（传真机、电话、计算机等）进行接口，并且容易实现功能的改变和扩展。

4.4.3.1 VSAT系统构成

完整的VSAT系统（即VSAT卫星通信网）由通信卫星、中枢站以及大量VSAT站构成，如图4-8所示。

中枢站与一般地球站规模大致相同，为实现对整个VSAT网的监管，中枢站比一般地球站多一个网络管理中心。中枢站通常与金融、商业、新闻等信息中心、指挥调度中心以及大型数据库连接在一起，中枢站的设备配置和技术指标是高标准，以有利于VSAT站设备的简化、造价的降低，使大量VSAT站成本占主要份额的系统总成本下降，性能价格比提高。VSAT站在VSAT系统中的数量由几百个到几千个不等。单个VSAT站包括两个组成部分，即小型天线、室外单元（ODU）和室内单元（IDU），如图4-8所示。

室外单元（ODU）的功能是为用户终端提供公用传输通道。室外单元与天线馈源安装在一起，主要由射频激励器（TR）、固态功率放大器（SSPA）、低噪声下变频器（LNB）和电源组成。室内单元（IDU）的功能是完成数字信号处理和规程交换，主要由数字调制器、数字解调器、监控器、远程规程处理器（RPP）等组成。ODU和IDU的组成结构框图如图4-9所示。

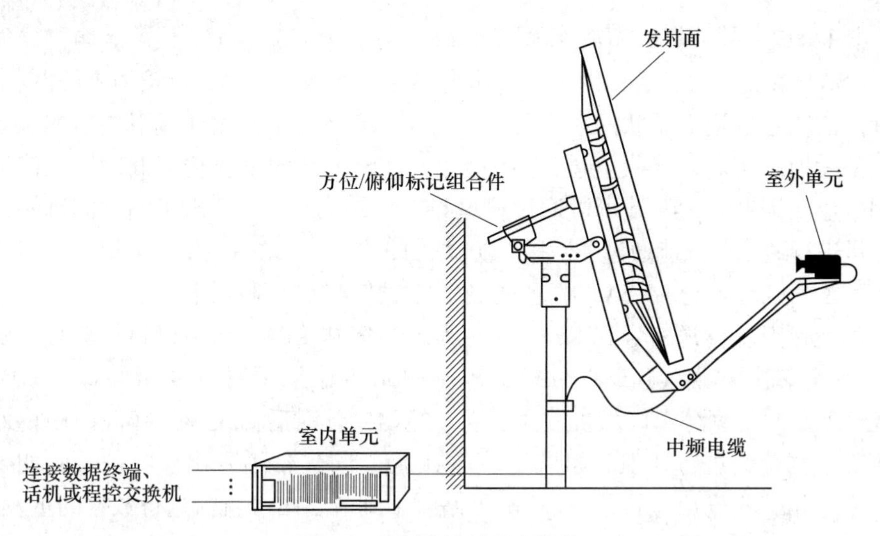

图 4-8　VSAT 站的基本结构

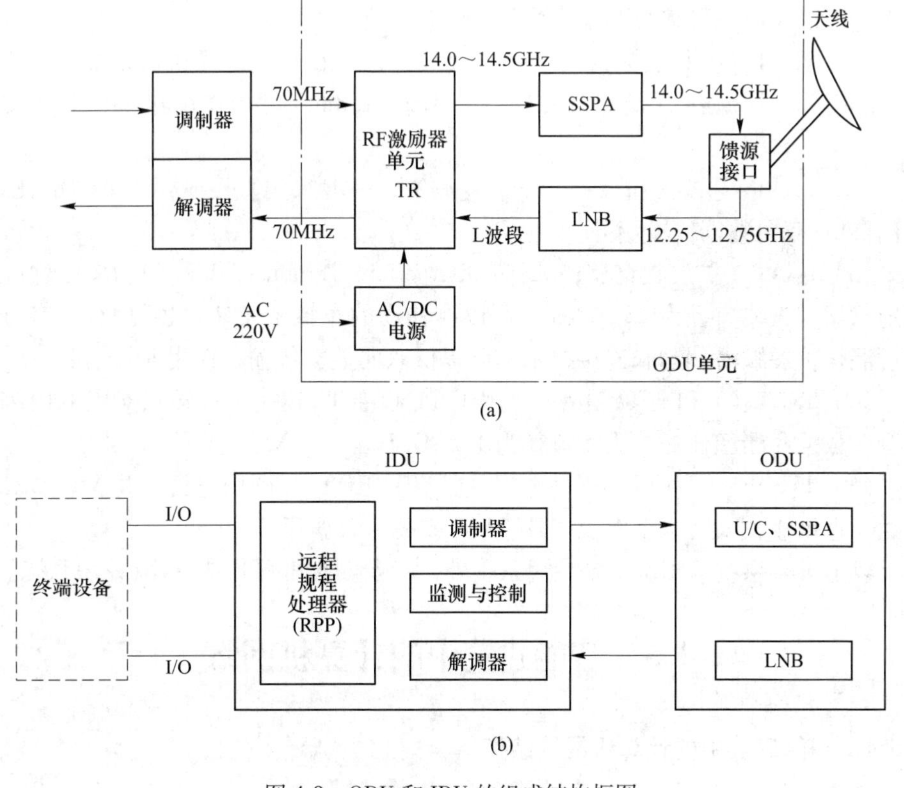

图 4-9　ODU 和 IDU 的组成结构框图

（a）ODU 组成结构图；（b）IDU 设备组成结构图

4.4.3.2 VSAT 系统工作原理

VSAT 系统分为三类：以数据传输为主的星状网，以语音传输为主的网状网，点到点的固定信道。星状网最为广泛，由 VSAT 站与中枢站通过卫星连成。其中枢站的发射功率高，接收信道品质因数大；VSAT 站的发射功率低，接收信道品质因数小。因此 VSAT 站可以通过卫星与中枢站通信，而 VSAT 站之间则不能通过卫星进行通信，只能通过“双跳”方式，即“VSAT 站→卫星→中枢站→卫星→VSAT 站”实现互通。VSAT 站通过卫星传送信号到中枢站称为入中枢站传输，中枢站通过卫星传送信号到 VSAT 站称为出中枢站传输。入中枢站传输采用随机连接/时分多址方式（RA/TDMA），出中枢站传输采用时分复用方式（TDM）。各 VSAT 站的数据分组以随机方式发送，经卫星延时后由中枢站接收，中枢站将收到的数据分组进行处理。如果无错，则通过 TDM 信道发出应答信号；如果出错，中枢站就不发出应答信号。VSAT 站收不到应答信号就需进行数据的重发。

4.4.3.3 VSAT 系统的分类

VSAT 系统类型繁多，其功能趋向多样化。根据调制方式、天线口径、应用、传输速率以及成本等综合要素，可将 VSAT 系统分为以下五大类。

（1）VSAT（非扩展频谱）：使用 Ku 波段，不存在与地面通信系统的干扰协调，故用非扩展频谱方式，天线口径为 1.2~1.8m，可用作高速率、双向交互通信。

（2）VSAT（扩展频谱）：工作于 C 波段，一般采用直接序列扩展频谱技术，可提供单/双向数据传输业务。

（3）USAT（扩展频谱，Ultra Small Aperture Terminal，USAT）：是一种超小型地球站，天线口径为 25~30cm，可以在移动的车辆上安装，也可以固定使用。通过混合扩展频潜调制和连接技术，可提供双向数据传输，使用 Ku 波段。

（4）TSAT（T 和准 T1 速率）：用于 T1 和准 T1 速率，传输点对点双向综合语音、数据和图像业务，天线口径为 1.2~3.5m。

（5）TVSAT：可用于文娱性电视单收（TVRO）与商用电视（BTV）节目的播送，也可接收高清晰度电视（HDTV）或高速数据等。

以上五类系统除 UAST 是专用系统外，其余四类都可构成专用/共用系统。

4.5 智能建筑中的计算机网络

4.5.1 智能建筑中的计算机网络结构

计算机网络系统是智能建筑的主要基础设施，智能建筑的 3A 或 5A 功能是通过大厦内变配电与照明、保安、电话、卫星通信与有线电视、局域网、广域网、给排水、空调、电梯、办公自动化等众多的子系统集成的。这个集成系统受楼宇控制中心的监控，都需构筑在计算机网络及通信的平台上。

智能建筑的计算机网络主要由主干网（Backbone）、楼内局域网（LANs）、与外界的通信联网部分组成。智能建筑的主干网负责计算中心主机或服务器与楼内各局域网及其他办公设备联网，并按需求在楼层内设置若干局域网，这个局域网可分为支撑 OA 和 BA 两类系统的局域网。在建筑与室外通信联网时，可以通过高速主干网、中心主机或服务器借助 x.25 分组网、DDN 数字数据网或者 PADX 程控交换网来实现，如图 4-10 所示，图中的 B/R 是一个程控交换机或集线器。

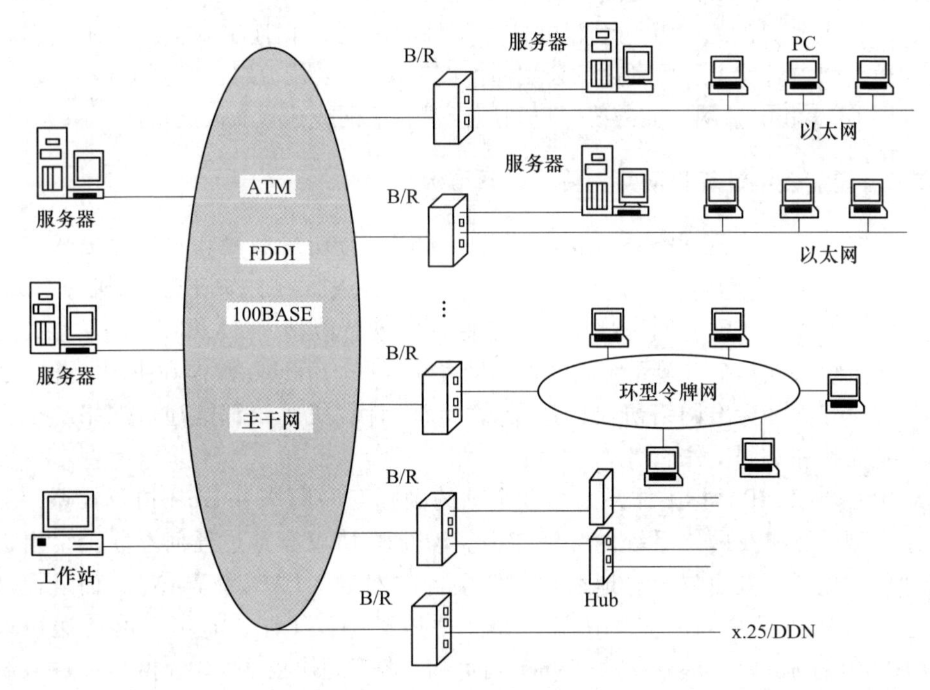

图 4-10　智能建筑中网络的总体结构

（1）主干网。主干网将根据需要覆盖智能建筑群中的各个楼宇和楼宇内的各楼层，楼内的中心主机、服务器、各楼层的局域网以及共享的办公设备（如激光打印机等），通过主干网互联，构成智能建筑的计算机网络系统。主干网应为高速网，以保证满足楼宇内各种业务需要而进行高速信息传输和交换，一般要求其传输速率达到 100Mbps（兆比特/秒）。主干网的链路设计应有冗余度，设备要有容错能力，具有灵活性和可扩充性，能支持多种网络协议。

目前，构成高速主干网的网络技术主要有快速以太网、FDDI、ATM 以及各种类型快速网络互联设备等。

（2）楼层局域网。楼层局域网分布在一个或几个楼层内，局域网的类型选择和具体配置要根据实际应用、信息量大小、对服务器访问的频繁程度、工作站点数、网络覆盖范围等因素来进行。当前，局域网多采用总线以太网（Ethernet）和环型令牌网（Token Ring）为主，以粗同轴电缆、细同轴电缆或双绞线和光纤作为传输介质。当前，由于 PDS 的标准需要进一步完善，建筑设备自动化系统多独成系统，采用总线方式的异步串行通信，传输介质大量应用双绞屏蔽线。

一个楼层内可以配置一个或几个局域网网段，或几个楼层配置一个局域网。通过路由器或集线器将这些不同的局域网或网段连接起来。随着需求和技术的发展，交换式虚拟网络在智能建筑将越来越多。

（3）与外界的通信联网。智能楼宇与外界的通信相连主要借助于邮电部门公用通信网，目前主要可利用的公用通信网有 x. 25 公用分组交换网 PSDN、数字数据网 DDN 和电话网。如需要，也利用卫星通信网或建立微波通信网。

4.5.2 智能楼宇计算机网络的协议体系结构

智能楼宇计算机网络系统将由高速主干网、楼层局域网、对外通信的广域网（x. 25 分组网、DDN 数字数据网等）和多种服务器、工作站或 PC 机等组成，是一种异型网络互联的网络环境。为了保证实现智能楼宇 3A 和 5A 的功能，这种网络系统必须具备开放系统的特性，即系统互联、信息互操作和协同工作，使得任何遵守国际标准网络协议体系及其协议的计算机系统都能通过网络实现互联、互操作和协同工作。

IPS（TCP/IP）标准体系是当今全球的国际互联网络 Internet 协议体系，侧重于异型计算机及网络系统的互联能力。ICP/IP 协议有穿过任何互联网络组进行通信的能力，其协议很好地适合于低层各类网络（LAN 和 WAN），而且还开发了一系列高层共同的应用协议，如文件传送协议 FTP、简单文电传送协议 SMTP（电子邮件）、终端仿真 Telnet、简单网络管理协议 SNMP、网络文件系统 NFS、外部数据表示 XDR、远程过程调用 RPC、定时服务 TS、名字服务 NS，以及在此基础上开发的许多应用系统，实现了远程网络资源的透明访问，如图 4-11 所示。因而，普遍在智能建筑中广泛采用 IPS（TCP/IP）协议体系结构。

4.5.3 局域网

局域网（LAN）是在小区域范围内，对各种数据通信设备提供互连的数据通信网络。在此环境下可提供给用户信息与资源共享，分布式数据处理、网络协同计算、管理信息系统和办公自动化、计算机辅助设计与制造等各种应用系统。各种互联的数据通信设备可以包括计算机、终端、外围设备、传感器（如温度、湿度、压力、流量、安全报警传感器等）、电话、电视收发器、传真等，以及各种

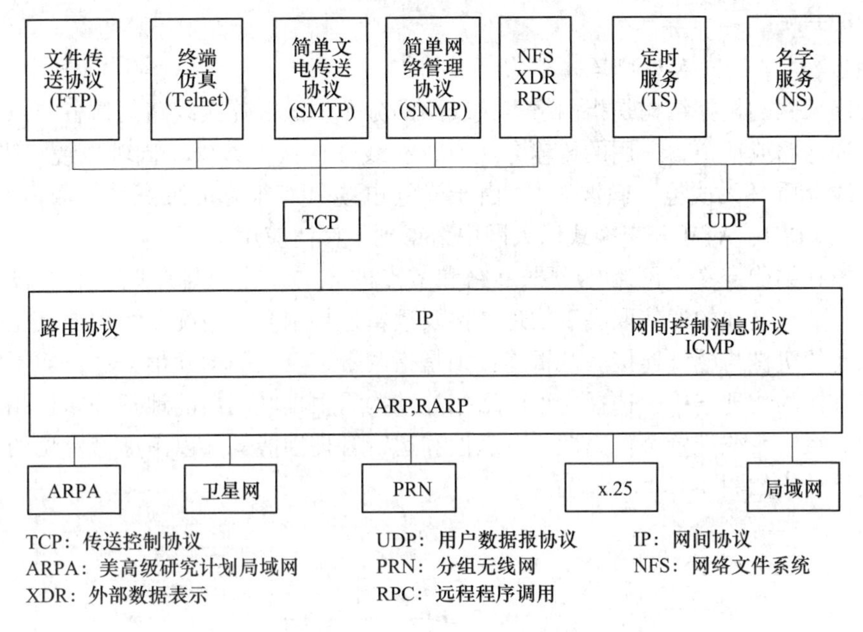

图 4-11　IPS 协议体系结构

具有兼容通信接口的设备。

说明局域网性质的主要技术指标包括：传输介质，网络拓扑结构，网络协议标准及介质访问方法，异型网络的互联技术。将其结合起来，就可确定网络传输的数据类型、通信速率、效率和网络可能支持的应用。

4.5.3.1　局域网的特性

局域网（LAN）与广域网（WAN）和城域网（MAN）相比，具有下列特性：

（1）数据传输速率较高，一般为 1～100Mbps，且误码串较低，传输延迟小，传输介质一般采用双绞线，粗、细同轴电缆，光纤、无线和微波，传输控制简单，费用低；

（2）局域网协议远比广域网简单，常用的介质访问协议有载波监听多路访问/冲突检测 CSMA/CD，令牌环（Token Ring），令牌总线（Token Bus），光纤分布数据接口 FDDI 及电缆分布数据接口 CDDI，还有异步传输模式 ATM；

（3）局域网通过集线器（Hub）、网桥（Bridge）、路由器（Router）、交换器（Switch）容易实现异种网络互联，拓扑结构灵活多变，便于扩展和系统重构。在 TCP/IP 协议系列支持下，能实现互操作和协同工作，方便管理；

（4）局域网中的智能终端、PC 机等一般称为工作站，资源较丰富的主机，如高档微机、工作站及小型机等都可作为服务器，它们通过网络适配器和网线，很容易实现客户/服务器结构，满足多种需要，也可以通过局域网实现昂贵大型设备的共享。

4.5.3.2 局域网的拓扑结构

局域网的拓扑结构是指网络连接线路的分布形式。连接线路是指各节点之间的物理通路或信道，采用的传输介质有，有线介质（双绞线、同轴电缆、光缆）和无线介质（无线电、微波等）。由于光纤电缆具有很宽的带宽，传输速率高，因此在 FDDI、ATM 和交换式以太网中，得到了广泛应用。

拓扑结构定义了网络中数据链路和节点的布局，或网络在地理上的设计布局，各节点之间的通信取决于物理连接及逻辑连接结合的情况。物理连接是指节点之间的机械与电气连接。逻辑连接则是指两个节点之间的通信关系，而不管有没有直接的物理连接。选择何种网络拓扑结构需根据联网站的地理分布、相互之间的关系、系统配置可扩充性、可靠性和运行管理性能等加以考虑。常见的局域网拓扑结构如图 4-12 所示。

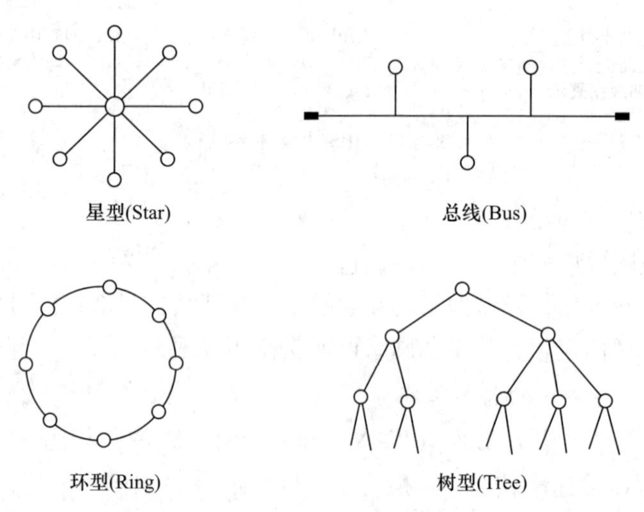

图 4-12 局域网络拓扑结构

4.5.3.3 局域网的协议体系结构

局域网协议体系结构 IEEE8022 系列由网络拓扑、传输技术和介质访问控制方法确定，它们在很大程度上也确定了数据类型、响应时间、吞吐率、线路利用率和网络应用等。图 4-13 示出了 IEEE802. x 协议体系结构。

4.5.4 以太网

以太网（Ethernet）是局域网中最为知名和广为应用的一种总线形局域网，采用了无源介质（如同轴电缆）作为总线来传播信息。以太网的介质访问控制方法有载波监听、多路访问/冲突检测和 CSMA/CD，以太网的拓扑结构为总线或

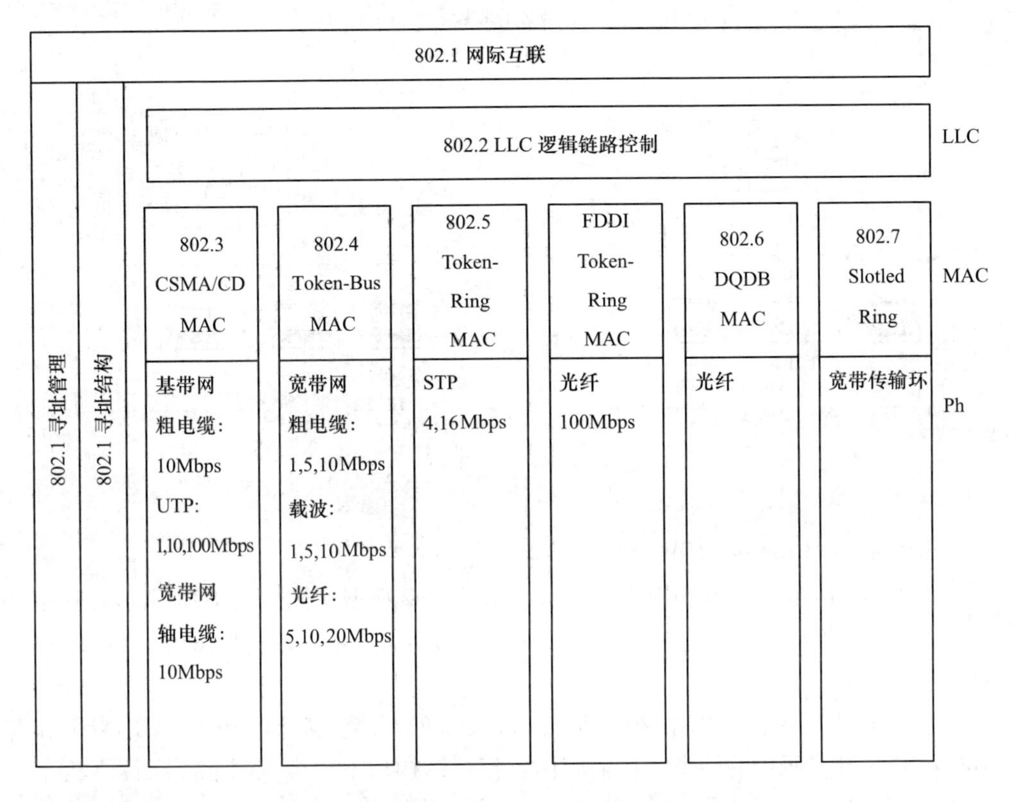

图 4-13 IEEE802. x 协议体系结构

分支的无根树型。典型的 Ethernet 结构如图 4-14 所示，有下列基本组成：

（1）网络工作站、网络服务器；

（2）插在工作站和服务器上的 Ethernet 网卡；

（3）传输介质（粗细/细缆/双绞线/光缆）；

（4）中继器、集线器或其他网间连接器；

（5）网络系统软件。

发送和接收介质访问管理模块的主要功能是实现“带冲突检测载波监听多路访问器 CSMA/CD”介质访问协议。CSMA/CD 是一种随机争用介质方式，用以解决哪一个节点能把信息正确地发送到介质上的问题。由于介质是所有节点共享的，而每一节点的发送又都是随机的，因此有可能两个节点（或两个以上节点）同时往介质上发送信息，就会发生冲突，以致接收节点无法接收到正确的信息。CSMA/CD 基本工作过程如下：

（1）发送节点监听，若介质上空闲，则进行发送，否则转步骤（2）；

（2）若介质忙，则继续监听，一旦发现介质空闲，即行发送。

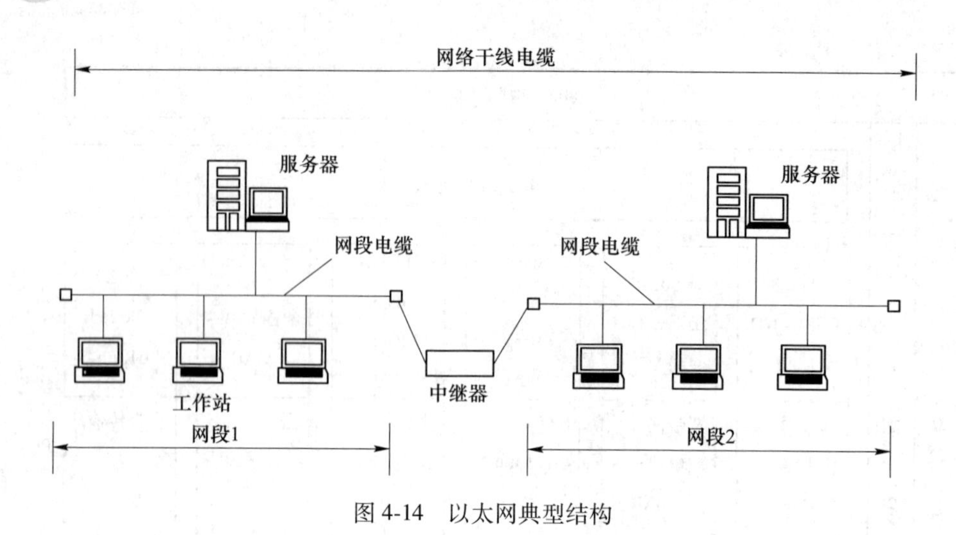

图 4-14 以太网典型结构

4.5.4.1 Ethernet 10BASE-2

以细同轴电缆为传输介质的 Ethernet 10Base-2 典型结构如图 4-15 所示。其中的“2”表示细缆，同时也表示电缆段最大长度为 200m（实际为 185m）。网络包括如下硬件：

（1）以太网卡。即网络适配器，不同类型的网络，如 Ethernet、ARCNET 和 Token-Ring 等，所用的网卡、传输媒体、拓扑结构均不一样。网卡插入计算机主板上的扩展插槽，外表有一个 BNC（细同轴电缆）连接器插座，用于通过 BNC T 形连接器与细同轴电缆相连接。

（2）网络电缆线。10Base-2 网络使用 0.2 英寸（2.6mm）、50Ω 的细同轴电缆线，这种线价格便宜，敷设方便，曾被广泛地使用在小范围的局域网连接上。

（3）BNC 连接器插头。电缆线的两端应各装接一个 BNC 连接器插头，以便和 T 形连接器或圆形连接器连接。

（4）BNC 圆形连接器。圆形连接器用于连接两段细同轴电缆线，是一个可选的部件。

（5）BNC T 形连接器。T 形连接器是一个三通连接器，两端插头用于连接两段细同轴电缆，中间插头与网络适配器上的 BNC 连接器插座连接。

（6）BNC 端接器（终结器）。细缆总线网的两端应各连接一个 50Ω 的 BNC 端接器，以阻塞网络上的电子干扰。

当用户站点数不多并且网络工作站相距不是太远的情况下，可采用细同轴电缆进行网络连接，组成 10Base-2 网。这种网络连接方式价格便宜、安装简单，但传输距离较短，在一个网段中的最大传输距离限制在 185m。由于这种网络的最大电缆段数目为 5 个，因此网络的最大长度可达 925m。

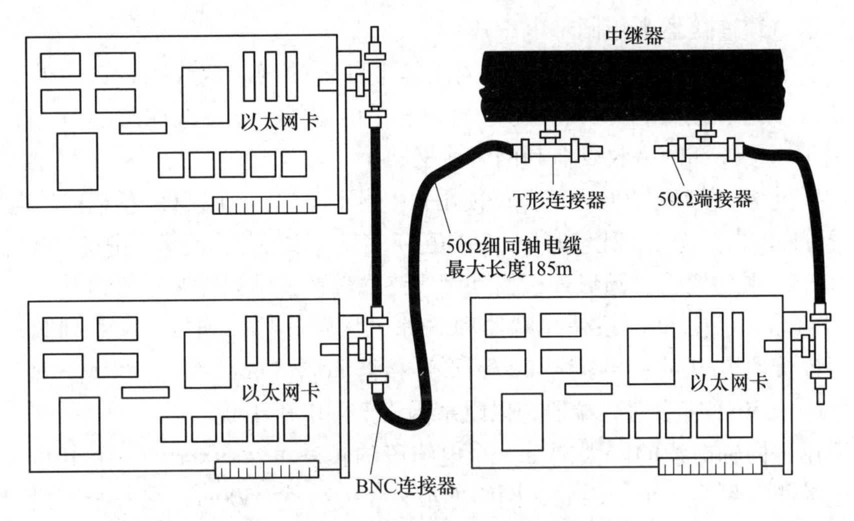

图 4-15　Ethernet 10Base-2 典型结构

4.5.4.2　Ethernet 10BASE-5

基于粗同轴电缆介质连接的 Ethernet 10Base-5 典型结构如图 4-16 所示。

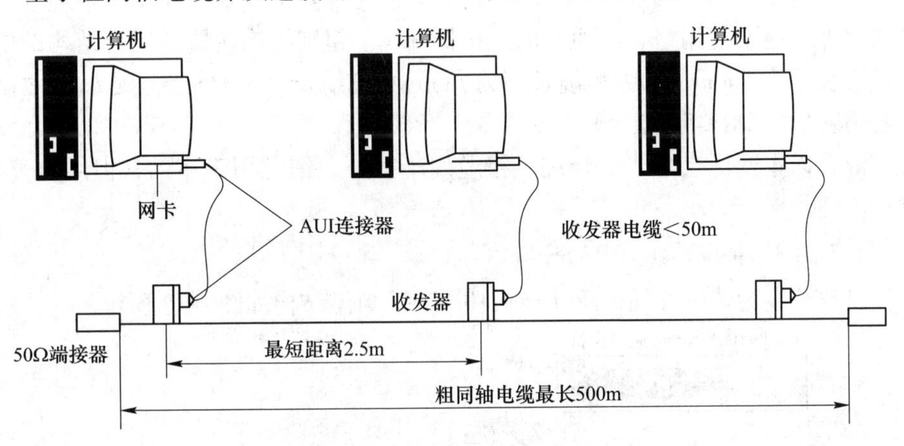

图 4-16　Ethernet 10Base-5 典型结构

网络使用 10Base-5 标准构建局域网，其中“10”表示传输速率为 10Mbps；“Base”是 baseband（基带）的缩写，表示使用基带传输技术；“5”是指最大电缆段的长度为 500m。网络包括的硬件有：

（1）网络适配器。适配器上有一个 D 型（AUI 插座）连接器插座，用于和外部网络收发器连接。

（2）网络收发器。在连接粗同轴电缆线情况下，应使用外部网络收发器来驱动粗同轴电缆。外部网络收发器上有一个 D 型插座用于和网络适配器相连接，而收发器电缆连接器和粗同轴电缆连接。

（3）收发器电缆线。收发器电缆线是带屏蔽的四芯双绞线，其中的三芯是信号线（发送、接收和冲突检测）、另一芯是电源线。电缆线两端的 D 型连接器分别用于连接外部网络收发器和网络适配器。

（4）网络电缆线。10Base-5 网络使用 0.4 英寸（5.2mm）、50Ω 的粗同轴电缆线，这种线价格较贵，连接也比较麻烦，目前已不多见，主要作为网络干缆连接线。

（5）N 系列插头、圆形连接器和网络终端器。N 系列插头通常装接在粗同轴电缆的两端，以便和 N 系列终端器和 N 系列圆形连接器连接。N 系列圆形连接器用于连接两段粗同轴电缆线（与圆形连接器同属可选部件）。网络电缆两端应各连接一个 50Ω N 系列终端器，以阻塞网络上的电子干扰。

采用粗同轴电缆的以太网，一个电缆段的长度可达 500m，一个 10Base-5 的最大电缆段数目为 5 个，因此，网络的最大长度可达 2500m。在一个缆段上最多连接 100 个网络站点，两个站点之间的距离应大于或等于 2.5m。

粗同轴电缆线为 Ethernet 标准网络传输线，因此也称 10Base-5 为标准以太网。

在组建粗、细同轴电缆混合结构的以太网时，除了需要上述粗、细缆以太网的硬件外，还要使用粗、细缆间的连接器件——粗细缆连接器。混合结构的电缆段最大长度为 500m，如果粗缆长度为 L(m)、细缆长度为 t(m)，则 L、t 之间的关系为：$L+3.28t\leqslant500$。

混合以太网优点是造价合理，粗缆用于室外、细缆用于室内，但结构复杂、维护不便。

4.5.4.3 Ethernet 10BASE-T

以双绞线为传输介质的 Ethernet 10Base-T 典型结构如图 4-17 所示。

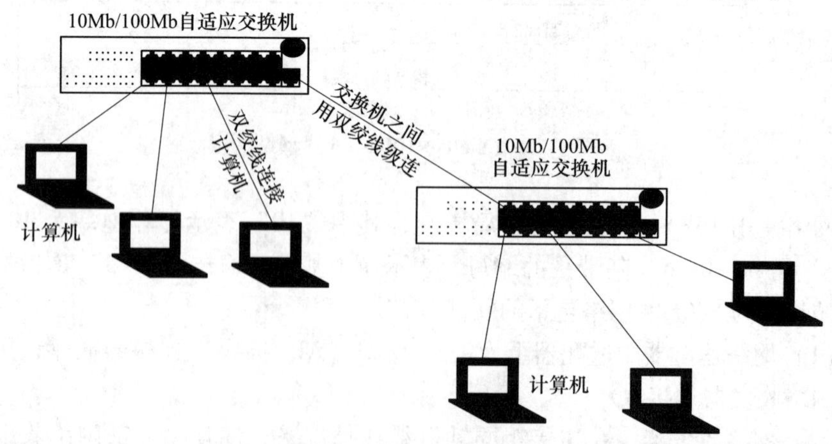

图 4-17 Ethernet 10Base-T 典型结构

双绞线以太网标准有10Base-T，这里10表示传输速率为10Mb/s，Base表示为基带传输，T表示双绞线；100Base-TX，这里100表示传输速率为100Mb/s，TX表示使用2对1类双绞线；1000Base-T，这里1000表示传输速率为1000Mb/f，T表示使用4对5类双绞线。

（1）网络适配器（即网卡）。它的适宜带宽有10Mb，10Mb/100Mb自适应，1000Mb的不同规格产品。适配器上有一个称为RJ-45的插座，因此也被称为PJ-45网卡。RJ-45插座用于连接双绞线。

（2）集线器（HUB）。集线器是多路双绞线的集汇点，它处于网络布线中心。在连接两个以上网络站点时，必须通过双绞线把站点连接到集线器上，网上的每个站点共享局域网带宽。

（3）以太网交换机（Switching Ethernet）。交换式局域网是指以数据链路层的帧或更小的数据单元（信元）为数据交换单位，以交换设备为基础构成的网络。交换式网络的核心设备是交换机。交换机为每个端口提供专用的带宽，各个站点有一条专用链路连到交换机的一个端口。这样每个站点都可以独享通道，独享带宽，网络负载很重时性能也不会下降。交换式局域网从根本上解决了网络带宽问题，能满足用户对带宽的需求。它从根本上改变了共享式局域网的结构，解决了带宽瓶颈问题。目前，交换局域网已成为当今局域网技术的主流。

（4）双绞线。双绞线的性能与使用参看第2章，双绞线与网卡的接口使用RJ-45。

4.5.4.4 以太网的发展趋势

虽然各种类型的局域网上的传输介质可以是粗缆、细缆、双绞线和光纤，但是从当前的发展趋势来看，局域网正在由早期的粗缆、细缆向双绞线和光纤转向。网络的类型也正由单一形式向混合形式转换，其中最常见的是双绞线以太网和光纤形式的干线网混合连接。这主要是因为大多数的办公室内已装有双绞线，而光纤能提供优良的传输特性，如速度高、抗干扰能力强以及传输距离长等。

如果使用光纤作为传输介质，还需增加光端收发器等设备。光纤收发器用于双绞线与光缆之间的数据通信，通过100Base-FX ST或SC光纤接口，将100Base-TX双绞线电接口信号延伸，支持lEE802.3U 100Base-TX和100Base-FX协议，支持全双工或十双工通信模式，通过设备本身提供的LED指示灯，用户可实时监测设备当前的工作状态。

通过光纤收发器，网络的传输距离极限从5类双绞线的100m扩展到100km（单模光纤），所以它多用于以太网电缆无法覆盖、必须使用光纤来延长传输距离的实际网络环境中；同时在帮助把光纤最后1km线路连接到城域网和更外层的网络上也发挥了巨大的作用。有了光纤收发器，也为将系统从铜线升级到光纤提供了一种廉价的方案。图4-18为光纤与双绞线网络的连接示意图。

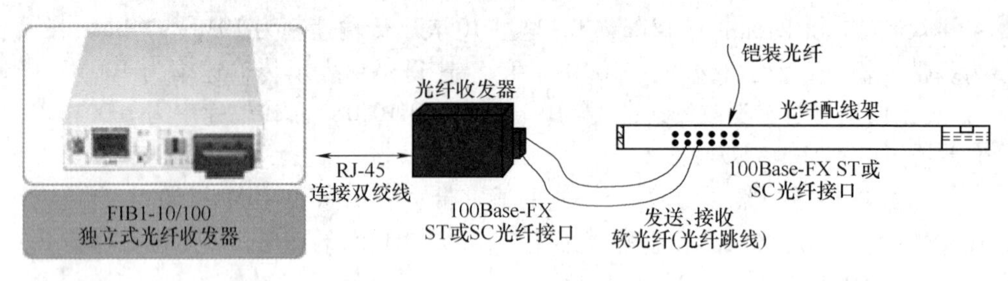

图 4-18　光纤与双绞线网络的连接示意图

4.5.5　Novell 网

Novell 网络体系结构称为综合计算体系结构，它采用开放系统技术策略，在分布式和多用户环境中，为应用的统一性提供服务。Novell 利用分布式网络服务结构，使用统一标准的开放软件编程方法，使已有的或新编的应用软件能共享信息和系统资源，无需考虑所使用的应用软件来源及依赖的工作平台，可使不同厂家的产品构成一个功能很强的网络计算系统，图 4-19 为该结构的示意图。

Novell 网络系统通过网络操作系统 Netware 将分布式目录、综合通信、多协议路由、网络管理、网络安全、文件和打印等核心网络服务功能集于一身，具有广泛的联网支持能力，支持多种广域网的联网、多种通信协议、多种操作系统等，在银行、设计研究院等类似系统受到广泛应用。

4.5.6　令牌环局域网

令牌环（Token Ring）控制技术，令牌环已成为最流行的环网介质访问控制技术，在此基础上制定了 IEEE802. 5。令牌环在物理上是一环状结构，如图 4-20 所示。环上传输着一个特定格式的帧，称为令牌（Token）。当环上各站都不发送数据信息时，环上只有令牌绕环不断传递，此令牌称为“空闲令牌”（一个特定的 8 位模式如“11111110”）。当一个站欲发送信息时，首先检测环中的令牌，当发现有空闲令牌经过时，占有此令牌，并将其最后一位变成 1，改成“忙令牌”（11111111），将其发上环，紧随其后发送待发送的信息。现在环上已没有空闲令牌，其他各站均不能发送。环中的接收站收到发往本站的信息帧后，将帧的内容拷贝到本站，同时在该帧放上应答字段，并把该帧继续向前转发，发送站检测到应答字段后，即将该帧撤销。发送站在数据发送完毕，及“忙令牌”返回本站之后，又将“忙令牌”改回“空闲令牌”发往环上，如此周而复始。

4.5.7　FDDI 网

4.5.7.1　光纤网和 FDDI 标准

用光纤作为网络传输介质，具有信号衰减少、抗电磁干扰能力强、通频带

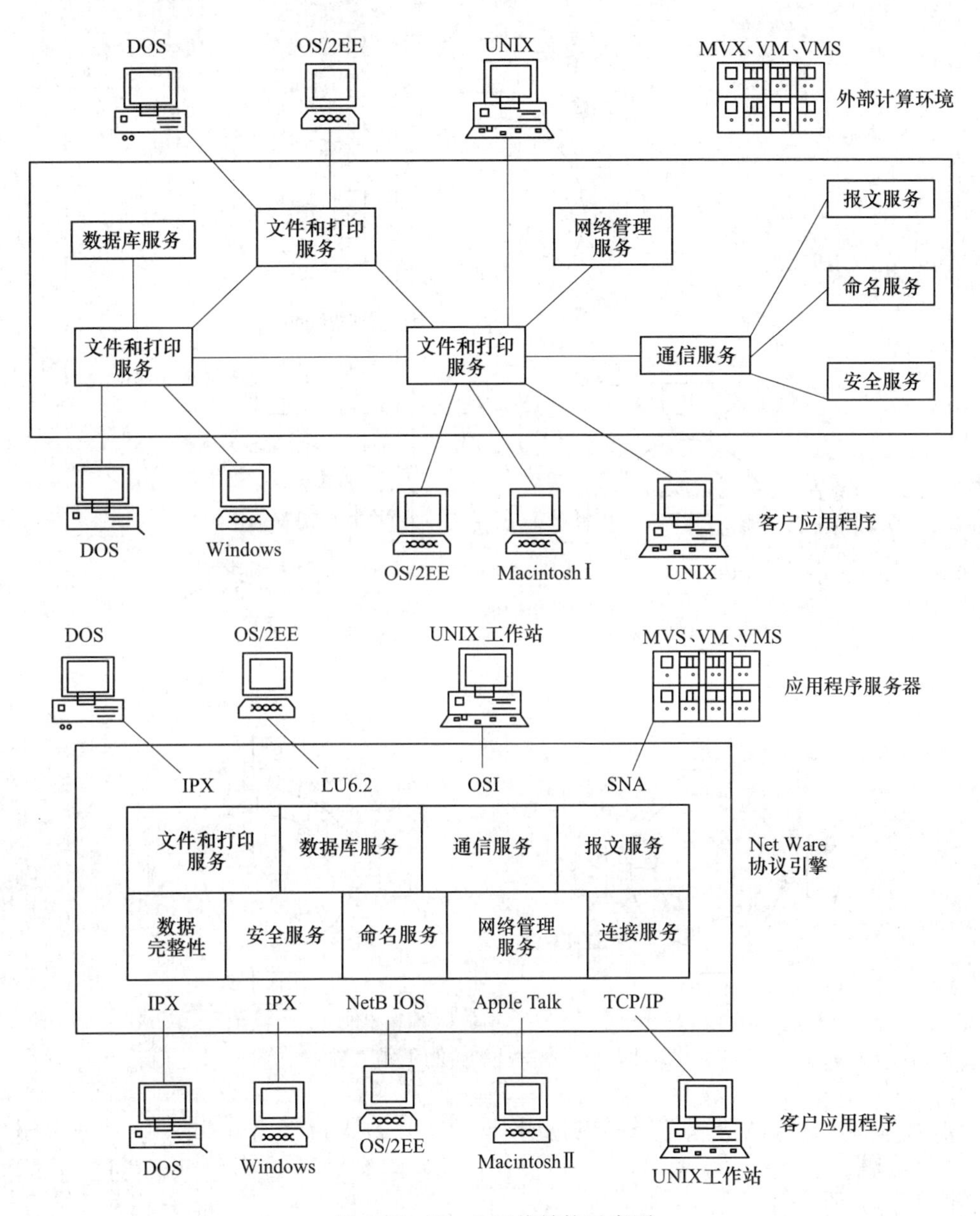

图 4-19 Novell 网络结构示意图

宽、保密性能好、体积小、重量轻等优点，因此，在高速、高质量、低误码率、远距离、大容量、高可靠性等要求的通信网络中，光纤日益得到应用。

光纤分布式数据接口（FDDl）是 100Mbps 光纤环形局域网的标准。它是一种物理层和数据链路层标准，规定了光纤介质、光发达器和接收器、信号传送速率和编码、介质访问控制协议、帧格式、分布式管理协议和可使用的拓扑结构等

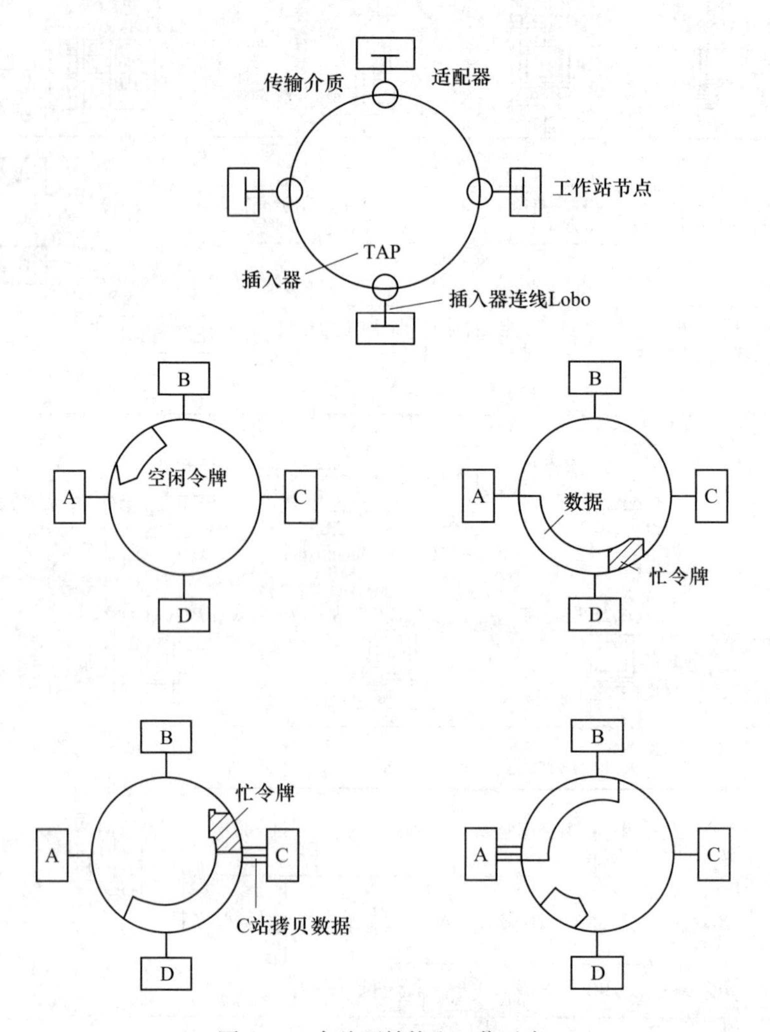

图 4-20 令牌环结构和工作示意

规范。FDDI 标准的协议体系结构以 IEEE 802.2 为逻辑链路控制层 LLC 协议标准，包括了 4 个部分（见图 4-21）：介质访问控制 MAC 子层、物理层协议 PHY、物理介质相关子层 PMD、站管理 SMT。其中，MAC 子层规定了 MAC 协议（令牌环协议）和 MAC 服务（与 LLC 层接口关系）。

物理层（PHY）协议是物理层与介质无关的部分，它包括与 MAC 子层间的服务接口规范、数字数据传输用的编码。

PMD 子层是物理层与物理介质相关的部分，它规定了光纤驱动器和接收器的特性，站到环的连接、环所用的光纤连接器与介质相关的特性等。

站管理（SMT）包括对 FDDI 各层中进程的管理、LLC 子层及更高层的管理。

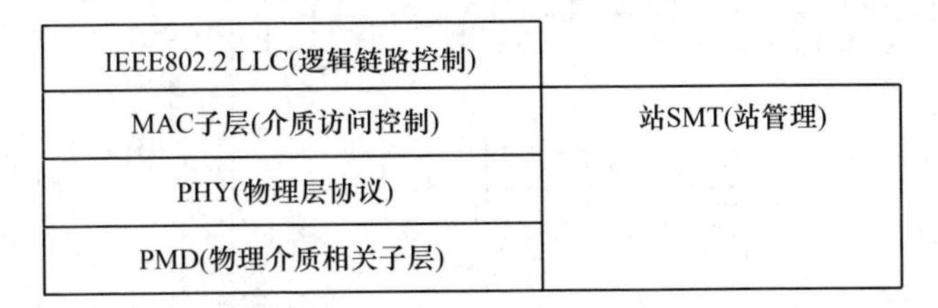

图 4-21 FDDI 标准协议体系结构

4.5.7.2 FDDI 工作原理

A MAC 协议

与 IEEE 802.5 一样，FDDIMAC 协议是一个令牌环协议，令牌环的基本操作与前述 IEEE 802.5 类似。FDDI 也是一个环状网，当所有站都空闲时，令牌帧沿环运行，某个站欲发送时，必须检测到有令牌通过，一旦有令牌通过，该站立即吸收。当抓获的令牌完全收到后，该站就立即发送一个或多个帧。这时环上没有令牌，其他想发送的站必须等待。环上的帧运行一圈，然后被发送站清除。当发送站完成其帧发送后，即使尚未开始收到它自己发出的帧，也立即送出一个新的令牌，开始新的一轮帧的发送过程，以满足高传输率的要求。

FDDI 与 IEEE802.5 的区别在于，IEEE 802.5 中欲发送的站是通过改变令牌的“闲”“忙”位来抓住令牌的，FDDI 则是欲发送的站直接吸收令牌。

B 物理介质相关部分 PMD

FDDI 标准规定了数据速率为 100Mbps，采用双环光纤环网，其 PMD 部分定义了连接在介质上的所有介质和设备的规范。有用于多模光纤和单模光纤的两个版本，各站点之间的最大距离一般为 2~4km。

对于单模光纤，FDDI 规定了Ⅰ类和Ⅱ类两种类型用来实现不同链路距离的收发器：Ⅰ类收发器用于 10~15km，Ⅱ类收发器可用于 40~60km 的链路。

C FDDI 网的可靠性

FDDI 标准中具有加强网络可靠性的技术规范，采用了站旁路、集线器和双环三项技术。采用双环结构，当站点或链路发生故障时，网络可以重构，保持连接，如图 4-22 所示。

D FDDI 的站管理（SMT）

FDDI 的 SMT 所提供的管理服务有连接管理（站的增加和删除，重构连接）、站初始化、内部配置管理、故障隔离和恢复、外部控制接口协议、统计资料收集和地址管理等，FDDI 标准定义了两类站和两类布线集中器。

（1）A 类站，即双环站（DAS），同时连接到主环和副环，具有两对 PHY 和 PMD 协议实体，一个或两个 MAC 协议实体。由 DAS 构成 FDDI 的主干双环，当

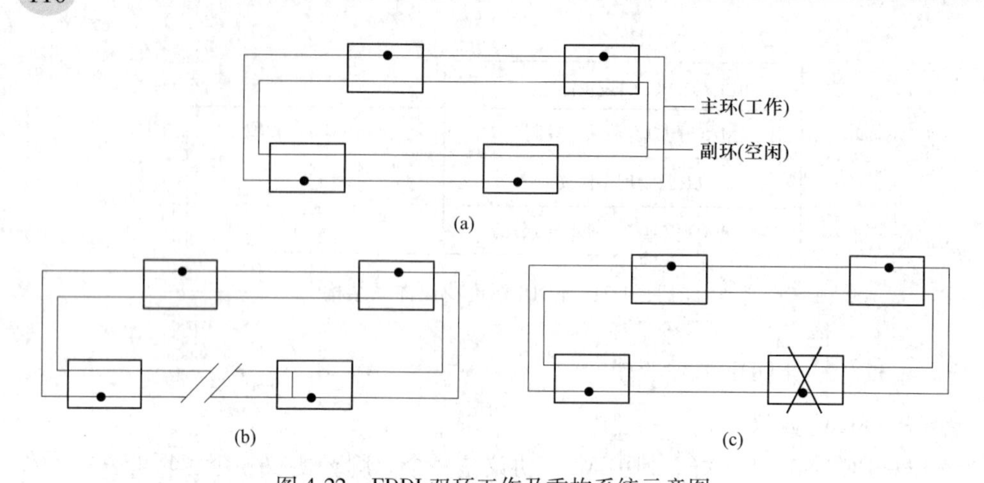

图 4-22 FDDI 双环工作及重构系统示意图
（a）正常工作；（b）一条链路故障后重构；（c）一个站故障后重构

出现故障时，DAS 利用主环和副环工作链路的组成，重构网络。

（2）B 类站，单环站（SAS）。只有一个 PHY 和 MAC 协议实体，不能直接接入主干环，只能通过布线集中器（DAC）接入。

（3）双环布线集中器（DAC），通过 DAS 的接入，SAS 形成 FDDI 主干环。它兼有光中继器和光旁路开关的作用，使网络具有更高的可靠性和环的自我恢复能力，易于网络的重构、扩展和管理。它除了有 DAS 站的 PHY、PMD 协议实体外，还要有形成双环相应的 PHY、PMD 机制。

（4）单连布线集中器（SAC），除了有 SAS 的 PHY、PMD 的实体功能外，通过它可以形成树状结构。

通过这些站和布线集中器适当的连接组合，可以构造各种 FDDI 网的拓扑结构。FDDI 网单双环混合结构和常用拓扑结构如图 4-23 和图 4-24 所示。

E 智能建筑中 FDDI 网配置

在智能建筑中，如以 FDDI 为楼内骨干网，Ethernet 或 Token Ring 为楼层局域网，可以配置成如图 4-25 所示的结构。

4.5.8 公用数据网

公用数据网（PDN），与公用电话网和电报网一样，作为国家公用通信基础设施，由国家统一建设、管理和运行，向用户提供公共的数据通信服务。公用数据网由交换结点机、网控中心、用户入网设备、通信线路等设施组成。根据全网统一的编址方案，一个入网用户可与网上其他用户通信。公用数据网负责数据从信源到用户的透明的无差错传输，用户之间通信的高层协议或应用业务则由用户自己协商和选择。因此，公用数据网实际上是一个提供公共数据通信服务的通信

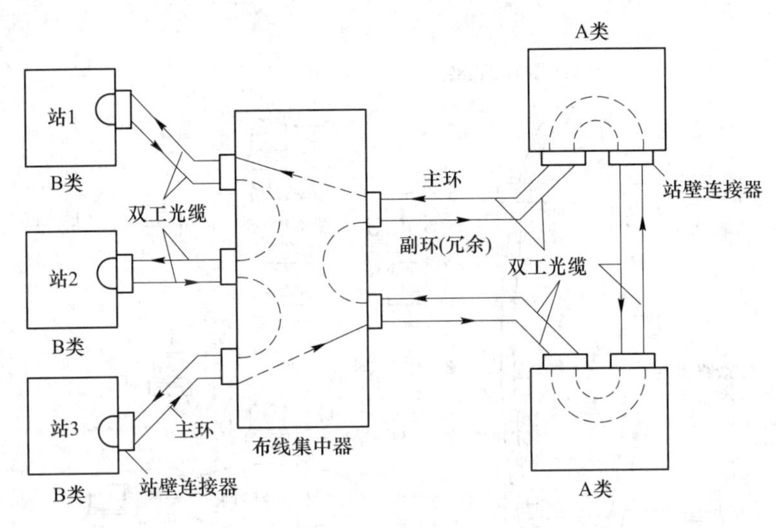

图 4-23　FDDI 单双环混合结构

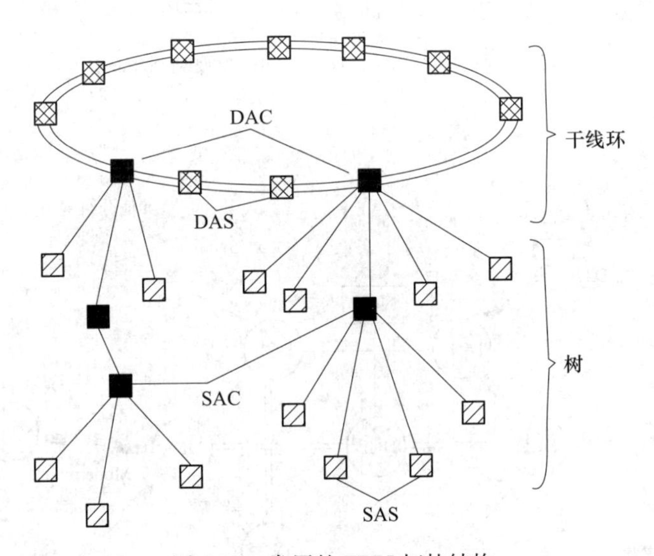

图 4-24　常用的 FDDI 拓扑结构

干网，各用户或用户组织需借助通信子网提供的服务组建自己的信息系统。

4.5.8.1　公用数据网的构成

数据信息在通信网内传输交换方式，一般可分为电话交换和存储-转发交换，公用数据网在组建时大多采用存储、转发/分组交换的传输方式，因此它又被称为公用分组交换网或分组交换网。公用分组交换网的基本组成如图 4-26 所示，其中，DCE 为数据电路设备，中转分组交换机或中转、本地结合的分组交换机，本地分组交换机或中转、本地结合的分组交换机；DTE 为数据终端设备、分组式

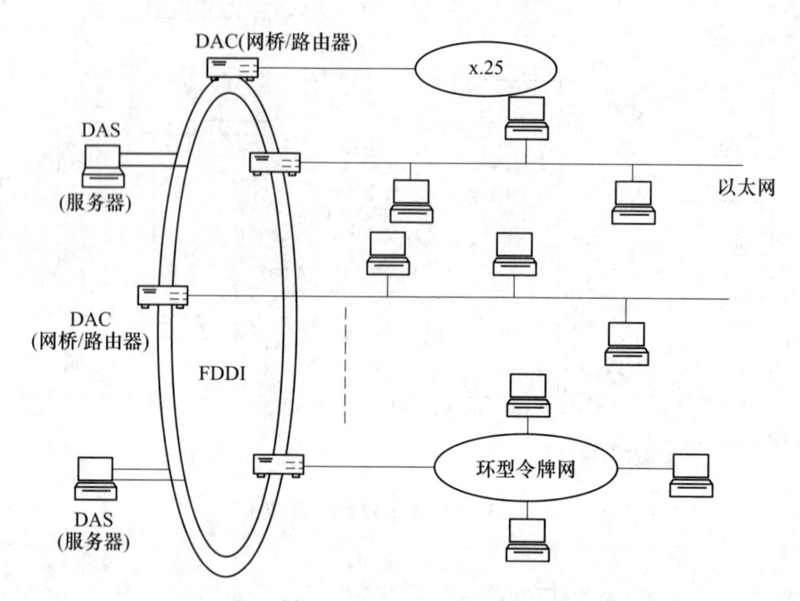

图 4-25　基于 FDDI 为骨干网的智能建筑网络

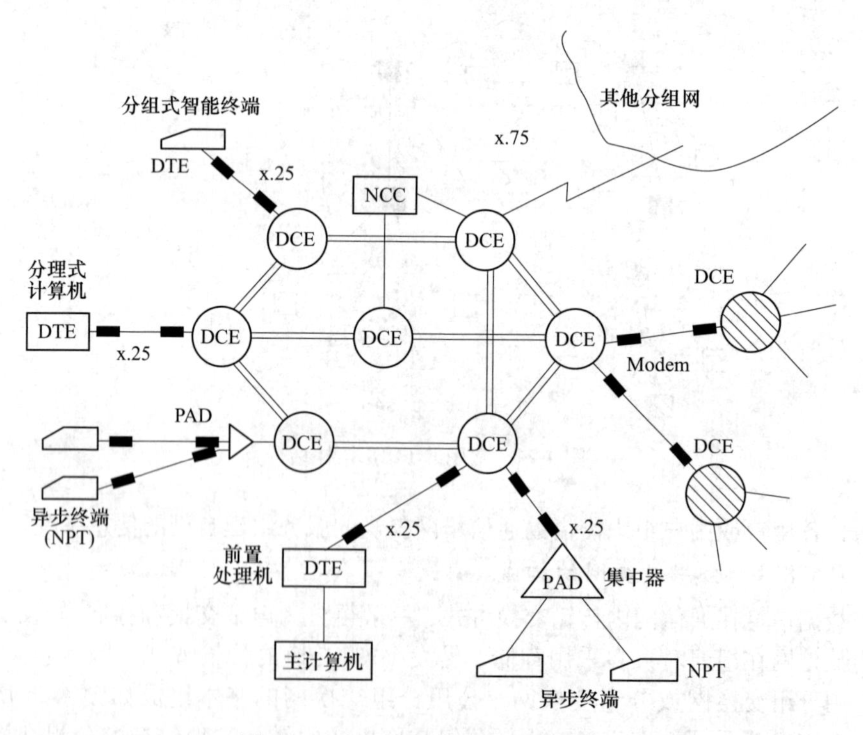

图 4-26　公用分组交换网的基本组成

计算机、智能终端或前置处理机；NPT 为非分组终端或称为异步终端；PAD 为分组装拆设备；Modem 为调制解调器；干线一般为高速线路或中速线路；NCC 为网络管理控制中心。

4.5.8.2 存储-转发、分组交换原理

存储-转发交换方式的原理是在通信子网的各交换机中设置有缓冲存储器，由输入线路送来的数据先在缓冲存储器中暂存，等待输出线路空闲，一旦输出线路有空闲，该数据就被转发到下一交换机。就这样，以存储-转发的机制，数据从发送端一个交换结点、一个交换结点地被传送到接收端。由此可见，其传输延迟可能较大，不能满足实时信息交换通信。

存储-转发方式按存储转发的信息单位的大小可分为报文交换和分组交换。报文交换方式的特征是把要传送的数据信息不论其长短作为一个单位按报文存储-转发方式传送。分组交换则将报文分割成具有统一的格式、一定长度的报文分组，以此为单位进行交换与传输。分组交换与报文交换相比，前者具有传输延迟短、传输质量好、可靠性高，易实现分组多路通信和通信费用低等优点。根据对于报文分组管理方式，分组交换又有虚电路和数据报两种方式。

虚电路方式是通信双方进行通信时首先在双方之间建立一条逻辑电路，在一次通信时该电路为通信双方所独占，这点和电路交换方式相同。但从物理上看，该逻辑电路所经过的物理信道是可同时为其他通信用户共享的。而物理信道可以分为多个逻辑信道，构成多个虚电路，从而实现物理信道的复用。在虚电路方式中，一次通信中的各报文分组均沿该虚电路传输。而在数据报方式中，每个报文分组传输路径并非沿一条固定的虚电路而是在经过每一个交换结点时动态地选择路由。

4.5.9 异步传输模式

4.5.9.1 概述

异步传输模式（ATM）融合了分组交换与电路交换技术的优点，其本质是一种快速分组传输。它将数据、图像、语音等信息分解成定长数据块，并在各数据块前面装上信头（地址、控制等信息）构成信，以信元多路复用方式进行发送。发送时，只要获得空信元即可插入数据并发送出去。因为排队等待空信元到来以发送信息，所以这也是一种以信元为单位的存储交换方式。由于数据插入位置无周期性，因而称之为异步传输模式。ATM 在信息格式的交换方式上与分组交换类似，而在网络构成和控制方式上与电路交换相似。

电路交换模式以周期性重复出现的时隙作为信息载体，传输信息的速率决定了时隙的周期。通信双方建立通信信道后，不管是否发送了信息，都周期性地独占分配的时隙。这就是同步传输模式，因此要用结构不同的网络设备来处理不同

速率的信道，以保证经济性，这成了电路交换模式的缺点之一。此外，电路交换模式不能有效地适应数据流量变化大的业务。

分组交换模式仅当发送信息时才送出分组，能适应任意的传输速率。但是，x. 25 协议采用变长分组、流控、分组序号管理、差错控制等复杂处理，就限制了它在高速通信上的应用。

ATM 采用异步统计时分复用，靠标记来识别信道，所以又称为标记复用。同时，ATM 采用定长的信元（信头 5 字节，信息字段 48 字节），便于采用硬件对信头进行识别和交换处理，实现高速传输。

4. 5. 9. 2　ATM 交换原理

图 4-27 为 ATM 交换原理，它由交换机构、管理控制机构、输入和输出控制器等部分组成。ATM 交换原理是基于面向连接的虚电路的概念传送信元。传送开始前通过呼叫在源端口和目的端口之间建立一条交换虚电路 SVC，然后沿此虚电路传送信元，直至此次呼叫结束都采用此路由。图中 RB 是路由位域，用于标识呼叫对应的交换路由。x 是交换机内部识别符，i 和 j 是信元在交换前后的信头。设置输入、输出缓冲器是为了防止信元的冲突，交换机构部分是 ATM 的核心。

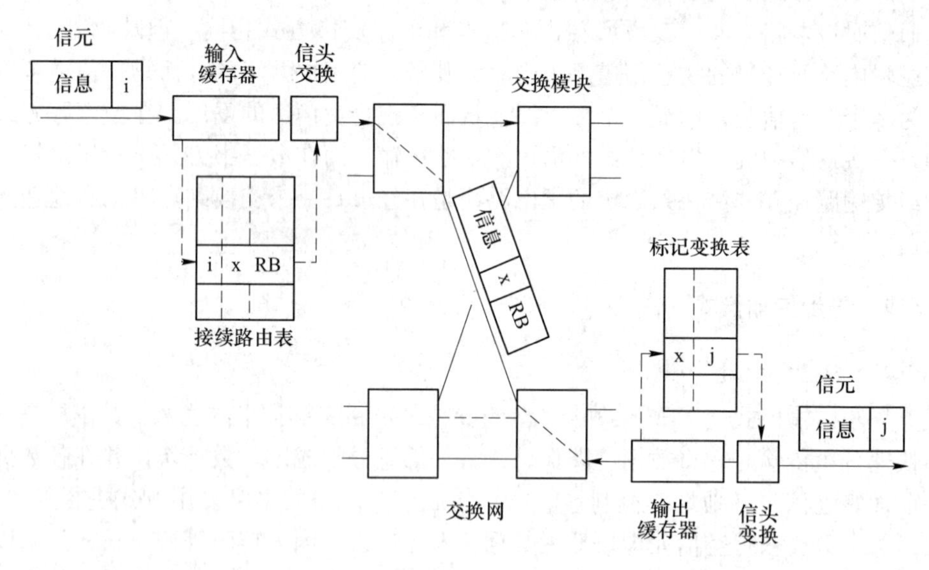

图 4-27　ATM 交换原理

4. 5. 9. 3　ATM 的组网应用

ATM 技术具有高速率、高质量、组网的特点，且能以不同的速率传输语音、图像、数据等，提供四种不同特性的服务等特点，受到研究人员、网络厂商和用户的极大重视，将成为新一代局域网和广域网网络技术，在今后的智能建筑中得到广泛应用。

图 4-28 为基于 ATM 虚拟路由器模型的虚拟 LAN，它由 ATM 交换器干线网、多层交换机和路由器等组成。当一个 LAN 端站欲通过多路交换器试图建立一次会话时，请求路由服务器，路由服务器根据第一个分组，确定目标站的位置，计算源和目的站之间的路径，然后把 ATM 地址送给源发多层交换器。交换器将它存入其搜索表中，然后使用标准呼叫建立一条 ATM 连接，后面要发送到目的站的信息序列就根据多层交换器缓存中的地址表进行转发。

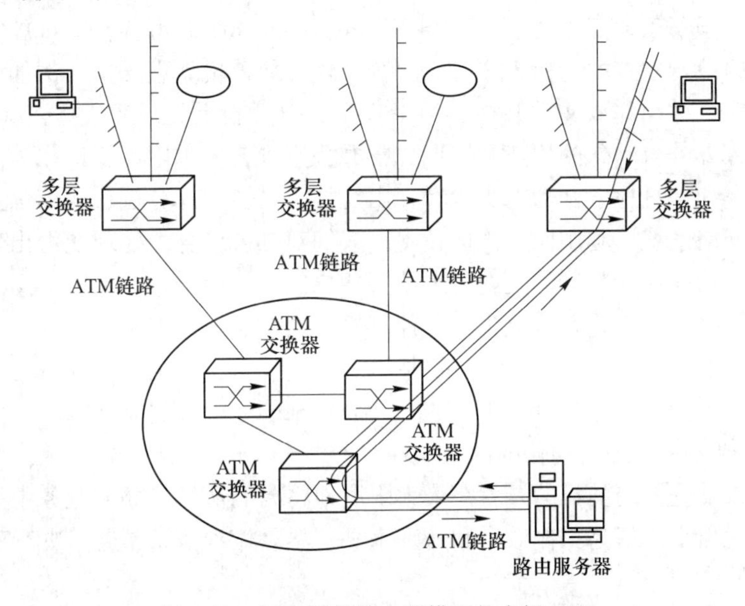

图 4-28 ATM 虚拟路由器模型的虚拟 LAN

5 智能建筑办公自动化系统

办公自动化系统（OA，Office Automation）是在设备、通信逐步实现自动化的基础上，通过管理信息系统（MIS，Management Information System）的发展而兴起的一门综合性技术。始于20世纪70年代，从单机处理开始，例如采用微型机处理文字，进而完成文件归档、记录指示、电话自动记录等任务。20世纪80年代后进入办公自动化的快速发展期，在办公室中普遍采用计算机作为高一级的管理工具，如信息检索、辅助决策等，出现办公设备和计算机、通信等互连构成的计算机网络系统，利用网络集成技术，人们对办公信息的处理能力出现质的飞跃，办公自动化成为智能建筑的一个主要标志。

目前，办公自动化系统成为涉及计算机、通信、声像识别、数值计算及管理等多种技术的一个综合系统。计算机技术、通信技术、系统科学和行为科学被视为办公自动化的四项支撑，工作站（Work Station）和局域网络（Local Area Network）成为了办公自动化的两大支柱。

办公自动化系统的目的，就是最大限度地将人们从传统办公业务中的重复性劳动里解脱出来，提高工作效率和管理水平，尽量做到信息灵通、决策正确。

5.1 办公自动化系统的基本模式

按照国家标准《智能建筑设计标准》（GB/T 50314—2000），在智能建筑中，根据各类建筑物的使用功能需求，可建立两类办公自动化系统：通用办公自动化系统和专用办公自动化系统。根据办公自动化系统的功能层次，可分为通用型、专用型、事务处理型、信息管理型和决策支持型办公自动化系统。

5.1.1 通用型系统

通用型办公自动化系统是对建筑物的物业管理营运信息、电子账务、电子邮件、信息发布、信息检索、导引、电子会议以及文字处理、文档等的建筑公用事务的一个管理系统，具体如建筑设备管理系统BMS、物业管理系统、建筑物Intranet、一卡通系统、综合信息服务系统等。通用型办公自动化系统应实现的主要功能包括：

（1）对建筑物内各类设备的运行状况、统计信息及维护进行管理；

(2) 具有文字处理、文档管理、各类公共服务的计费管理、电子账务、人员管理等功能；

(3) 具有共用信息库，向建筑物内公众提供信息采集、装库、检索、查询、发布、导引等功能；

(4) 智能卡管理子系统应能识别身份、门钥、信息系统密钥等，并进行各类计算。

《智能建筑设计标准》(GB/T 50314—2000) 明确规定，智能建筑办公自动化系统的设计应主要针对智能建筑的通用办公自动化系统，并特别提到：甲级标准应设置、乙级标准宜设置“建筑设备综合管理系统 BMS”。因为智能建筑要汇集建筑内外的各种信息，实现各智能化子系统的集成，就需要设置位于各智能化子系统最上层的智能建筑综合管理系统 IBMS。IBMS 能够将收集到的有关楼内外资料，分析整理成具有高附加值的信息，运用先进的技术和方法使建筑物的作业流程更有效，运行成本更低，竞争力更强。同时，又使建筑物内各实时子系统高度集成，做到保安、防火、设备监控三位一体，集成在一个图形操作界面上，以实现整个建筑的全面监视、控制和管理，从而提高建筑物全局事件和物业管理的效率、综合服务的功能。

5.1.2 专用型系统

对于专业型办公建筑，其办公自动化系统除具有通用型办公自动化系统的功能外，还应按其特定的业务需求，建立专用办公自动化系统。例如，银行业务系统、商场 POS 系统、酒店管理系统、政府机关办公系统、各类企业管理系统等。

5.1.3 事务处理型系统

办公事务处理的主要内容是执行例行的日常办公事务，大体上可分为办公事务处理（如文字处理、电子表格、电子邮件等）和行政事务处理（如公文流转等）两大部分。事务型办公自动化系统可以是单机系统，也可以是一个机关单位内的各办公室完成基本办公事务处理和行政事务处理的多机系统。单机系统不具备计算机通信能力，主要靠人工信息方式及电信方式通信，多机系统可采用局域网、程控交换机综合通信网或 Internet 连接等。智能建筑常用的多机系统事务型办公模型如图 5-1 所示。

5.1.4 信息管理型系统

管理型办公自动化系统是把事务型办公系统和综合信息紧密结合的一体化的办公信息处理系统。它由事务型办公系统支持，以管理控制活动为主，除了具备事务型办公系统的全部功能外，主要是增加了信息管理功能。根据不同的应用分

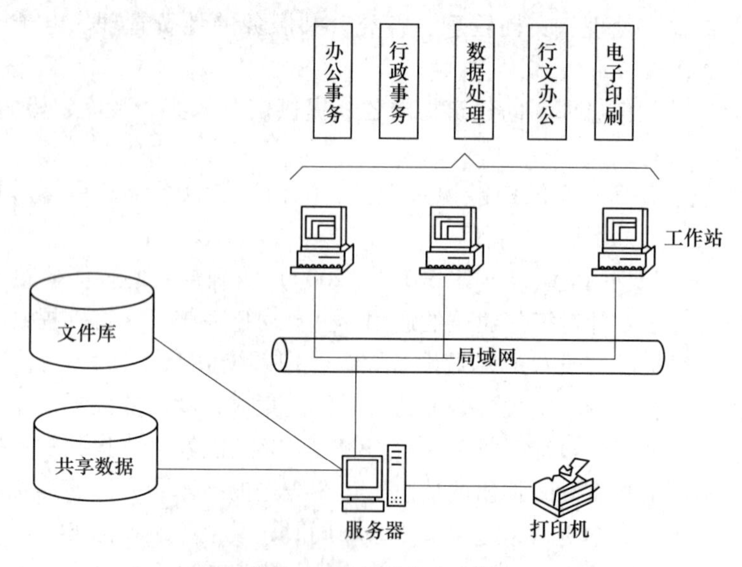

图 5-1　事务型办公系统

为政府机关型、商业企业型、生产管理型、财务管理型和人事管理型等。

智能建筑中的管理型办公自动化系统是以局域网为主体构成的系统，局域网可以连接不同类型的主机，可方便地实现本部门微机之间或与远程网之间的通信。通信网络最典型的结构采用主机系统与二级计算机和办公处理工作站三级通信网络结构。其中，中心计算机主要完成管理信息系统功能，处于第一层，设置于计算机中心机房；二级计算机处于中间层，设置于各职能管理机关，主要完成办公事务处理功能；工作站完成一些实际操作，设置在各基层部门，为最底层。这种结构具有较强的分布处理能力，资源共享性好，可靠性高。其结构如图 5-2 所示。

对于范围较大的系统，可以采用以程控交换机为通信主体的通信网络，把各种办公计算机、终端设备，以及电话机、传真机等互联起来，构成一个范围更广的办公自动化系统。

与事务型系统相比，信息管理型系统在硬件上基本相同，并没有质的区别。但事务型系统仅仅是通过网络使各计算机能够实现资源共享，各计算机的工作基本上是独立的。管理型系统多了一个层次结构，而且中心机通过 MIS 系统对各计算机实现了综合管理，各计算机分别在不同的层次上工作，协同性能更好，各计算机通过网络成为了一个服务于某一特定目标的整体。管理信息系统（MIS）的本质，就是把事务处理办公系统和数据库密切结合在了一起。

5.1.5　决策支持型系统

决策支持型办公自动化系统是在事务处理系统和信息管理系统的基础上增加

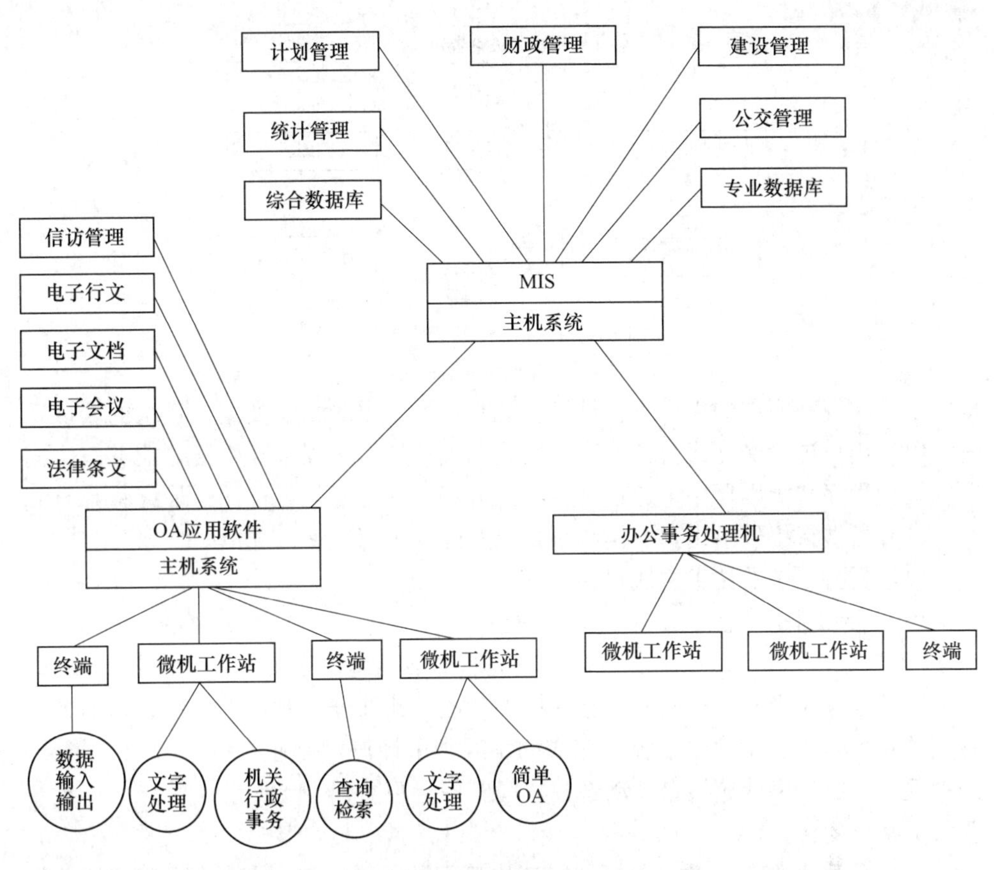

图 5-2 信息管理型办公系统

了决策或辅助决策功能的最高级的办公自动化系统，主要担负辅助决策的任务，即对决策提供支持。不同于一般的信息管理，要协助决策者在求解问题答案的过程中方便地检索出相关的数据，对各种方案进行试验和比较，对结果进行优化。

决策支持系统（DSS）的结构由会话系统、控制系统、运行及操作系统、数据库系统、模型库系统、规则库系统和用户共同构成，最简单和实用的三库决策支持系统逻辑结构（数据库、模型库、规则库）如图 5-3 所示，它实际上是在普通的 MIS 系统中，加入模型库和规则库形成的。所谓的模型库和规则库，实际上也是一个数据库，只是它存入的不是通常的数据，而是描述数学模型和现实规则的程序，这些程序一段一段的，每一段都相对完整地描述了一个数学模型和规则，在用户需要时，MIS 系统中的主程序段将其调出，运算出结果。

决策支持系统的运行过程是这样的：

用户通过会话系统输入要解决的决策问题，会话系统把输入的问题信息传递给问题处理系统（主程序），然后问题处理系统开始从数据库收集数据信息，调

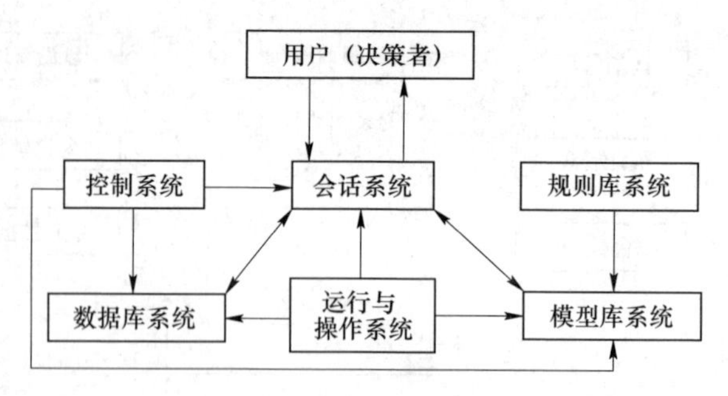

图 5-3 DSS 系统结构示意图

出模型库和规则库中的程序进行计算。如果用户提出的问题模糊，系统的会话系统可以与用户进行交互式对话，直到问题明确；然后主程序开始搜寻能够解决问题的模型程序和规则程序，通过计算得出方案，并计算其可行性；最终将计算和可行性分析结果提供给用户，用户根据自身经验进行决策，选择一个方案实行。

决策支持系统的技术构成包括：

（1）接口部分，也就是输入输出的界面，是人机进行交互的窗口。

（2）模型库部分，系统要根据用户提出的问题调出系统中已有的基本模型，模型管理部分应当具有存储、动态建模的功能。此部分是 DSS 的关键，目前模型管理的实现是通过模型库系统来完成的，通常由计算机专业人员进行数学建模、编制程序完成，离计算机自动动态建模尚有一定距离，需要决策人员与计算机专业人员密切配合。

（3）规则库部分，通过程序，描述决策问题领域的知识（规则和事实），也需要决策人员与计算机专业人员密切配合。

（4）数据库部分，管理和存储与决策问题有关的数据。

（5）推理部分，属会话系统程序段功能，识别并解答用户提出的问题，分为确定性推理和不确定性推理两大类。

（6）分析比较部分，对方案、模型和运行结果进行可行性分析，计算结果供用户参考。

（7）问题处理部分，属 DDS 主程序段功能。根据交互式对话识别用户提出的问题，构造出求解问题的模型和方案，并匹配算法、变量和数据等，计算求解结果。

（8）控制部分，连接协调系统各个部分，规定和控制各部分的运行程序，维护和保护系统。

上述这几个部分，主要是依靠程序来实现的。从当前 DDS 的开发和应用现状来看，系统解决的问题是半结构化的决策问题，模型和方法的使用是确定的，程序运行的结果也是一定的。由于决策者对问题的理解存在差异，决策结果具有不确定性，其决策质量，最终仍然取决于人；但 DDS 使人的决策水平从定性决策上升到了定量决策，明显促进了决策质量的提高。

从用户角度看，智能建筑就是向用户提供一个安全、高效、舒适、便利的建筑环境。一栋办公类智能建筑，如果不能提供一个高效的办公环境，尽管它很安全、很舒适，恐怕也不会有多少单位进驻。因而，高效的办公环境最终是通过建立高效办公自动化系统来体现的。

5.2 办公自动化系统的组成和设备

5.2.1 OA 系统的组成

办公自动化系统主要由硬件设备和支持软件系统组成。硬件设备如计算机外围设备，外围设备有扫描仪、打印机、绘图仪，还有一些办公自动化设备，如：传真机、复印机、打字机、数码速印机、数码录像及刻录像设备、数码投影与显示设备等。自动化系统中的计算机一般组成网络，实现信息资源共享并可以方便地接入 Internet。

办公自动化软件是指为了完成信息处理和管理所用的计算机程序，通常包括计算机系统软件、应用软件、诊断和测试软件等。

办公自动化系统支持软件系统主要有办公自动化系统通用工具软件，包括数据库管理系统、文字处理软件、表格处理软件、图形处理软件、图像处理软件、翻译软件、校对软件等，还包含办公自动化应用软件，如财务管理、劳动工资管理、项目计划管理、图书资料管理、档案管理、物资管理、会议管理等软件。

5.2.2 办公自动化系统的设备与信息处理技术

办公自动化系统的基本设备主要有两大类：图文数据处理设备和图文数据传输设备，前者包括计算机、打印机、复印机、电子印刷系统等，后者包括图文传真机、电传机、程控交换机及各种相关的通信设备等。随着计算机技术、计算机网络技术和信息处理技术的发展，又有许多新的办公自动化技术设备加入其中，如：扫描仪、数字图像处理系统、远程网络视频会议系统、数字电视、数码相机、网络数码摄像机、笔记本电脑和能够进行无线连接的无线网络设备及短距微功耗的蓝牙设备等。

（1）信息的输入设备。字符识别（OCR，Optical Character Recognize）技术及设备主要用于对纸上的印刷及打印文字字符进行识别，将识别结果以文本方式存储在计算机器中。目前的印刷、打印文字字符识别软件及设备能阅读各类中西文字符，且准确率可达 90%以上。

通过字符识别软件及设备可将书面上不可编辑的文档及图片转换为可编辑内容。在今后的若干年内，以纸为基础的办公文件仍将会继续大量存在，字符识别技术会发挥很重要的作用，并大大提高信息处理系统的工作效率。

（2）信息处理、复制、存储和检索。将字处理、数据处理、排版、通信综合在一起的技术现今已较成熟，视频数据信息的处理、传输和显示技术还有极大的发展潜力，数码照相、数码摄像技术能够提供一种强有力的存储、调用、传送、编辑、检查图像和色彩的手段和功能。在存储和检索方面，大存储空间的微型化存储器已迅速地发展，更为科学的知识管理及知识检索技术也迅速地发展起来，可以预言：新的知识管理及知识检索技术将在办公自动化系统中产生革命性的作用，也一定将在建筑智能化系统中产生革命性的作用。

远程网络视频会议系统已成为现代化的自动办公系统中一个不可缺少的环节，这将对人们的办公方式产生重大影响，办公既可在办公室，亦可在家中进行，即可以实现远程办公。常用的办公自动化系统设备有：计算机系统、打印机、传真机、复印机、轻印刷系统、自动收/取款机、打卡机、IC 卡、电子词典、光盘刻录机、缩微机、网络（LAN、WAN）设备、多媒体演播系统、远程网络视频会议系统、可视电话系统、绘图仪、扫描仪等。

（3）通信设备。办公自动化系统中一般均设置程控交换机综合通信网、微机局域网与远程网，以满足办公中的国际长途直拨电话、传真、电子邮件、会议电视等通信功能使用要求。

（4）数据库。事物型办公自动化系统配置有必备的基础数据库，主要包括小型办公事务处理数据库和基础数据库。基础数据库存储与整个办公系统主干业务相关的原始数据。

（5）应用软件。在办公自动化系统中，一般将文字处理、公文管理、档案管理、编辑排版、印刷等以文字为对象的处理功能统称为字处理；而将报表处理、工资管理、财务管理、数据采集等以数据为对象的处理功能统称为数据处理。应用软件是为支持有关事务处理服务的实际工程软件，其中包括字处理软件、电子报表软件、小型关系数据库管理系统等。从发展的角度看，在办公自动化事务的应用软件系统中，还应包括信息管理软件。

办公事务处理需要提供具有通用性的应用软件包，软件包内的不同应用程序之间可以互相调用或共享数据，以便提高办公事务处理的效率。目前阶段，诸如电子出版、电子文档管理、信息检索、光学汉字识别和远程信息传输等多种办公自动化应用技术都比较成熟。在公共服务与经营业务方面，办公自动化已逐步普及，如订票、售票、购物、证券交易、银行储蓄等业务的普遍依靠网络实现了自动化。

5.3 管理信息系统

在办公事务中，为能高效率地工作，能及时得到工作所需要的信息，必须对信息进行有效的记录、存储与管理，这依赖管理信息系统。

管理信息系统（MIS）是以计算机为工具，能进行管理信息的收集、传输、存储、加工、维护、信息组织、检索及使用的信息系统，它能够实测企业的运行情况，利用信息控制企业的行为，帮助企业实现长远规划的目标；还可以增设DSS模块，利用过去的数据预测未来，从全局出发辅助决策。MIS的主要特征是数据量大、数据类型多、数据之间关系复杂、数据分布存储，而对数据的加工比较简单。管理信息系统主要是处理以字符为主的结构化数据、以数据库为中心、以业务管理和办公自动化为应用目标，智能建筑中的计算机管理信息系统应具有数据通信和共享资源的功能。

5.3.1 管理信息系统的建设过程

MIS系统从开发到使用，一般采用结构化设计方法，需经历下列阶段：

（1）准备阶段：对MIS方法和工具进行评价和选择。

（2）规划阶段：进行MIS规划，具体步骤是先进行现行系统调查与分析，进行方案构想及可行性研究、系统规划，确定分期开发目标。

（3）系统分析阶段：对用户的使用环境进行系统分析，包括组织结构与功能分析、业务流程分析、数据及其流程分析、功能/数据分析、系统运行环境分析。

（4）MIS系统设计阶段：确定系统设计的目标与内容、设计总体结构、设计数据库，设计输入、输出和处理过程，在此过程中主要是确定各组成部分的设计模块及其相互关系。

（5）系统实施与评价阶段：根据设计模块进行程序设计，对每段程序进行调试，然后组合起来进行系统调试，系统运行后，进行运行管理。

（6）发展更新阶段：根据MIS系统的使用情况，在总结使用和维护经验的基础上，根据规划阶段确定的分期发展目标，进行新一轮的开发过程，使MIS能够升级甚至换代，不断适应用户的要求。

5.3.2 开发管理信息系统的方法

管理信息系统（MIS）的建立、运行和使用并非单纯的技术实现，而是信息技术组织与管理、系统工程的综合应用，其内容包括数据库、程序设计语言、开发工具、多媒体技术、人工智能、专家系统技术，包括Internet、Intranet、Web

等在内的网络与通信技术，管理体制及变革方案、系统的分析、组织与优化等一系列技术。管理信息系统（MIS）的结构中含有三个子系统，即战略决策与计划子系统，管理控制子系统和执行控制子系统。

管理信息系统的开发是一个系统工程，要在统一的数据环境中集成化地开发各个子系统。开发策略有自上而下方式、自下而上方式和十字形方式等类型，主要的开发方法有下列四种。

5.3.2.1 结构化生命周期法

结构化生命周期法是最常用的一种开发管理信息系统基本方法，是由结构化系统分析和设计组成的一种管理信息系统开发方法，结构化生命周期法的开发过程即5.3.1节所述。其基本思想是将系统的生命周期划分为系统调查、系统分析、系统设计、系统实施与转换、系统维护与评价等阶段，应用系统工程的方法，按照规定的步骤和任务要求，使用一定的图表工具，完成规定的文档，在结构化和模块化的基础上进行管理信息系统的开发工作。结构化生命周期法的开发过程一般是先把系统功能视为一个大的模块，再根据系统分析设计的要求对其进行进一步的模块分解或组合。其主要特点是：

（1）开发目标清晰化。结构化生命周期法的系统开发以“用户第一”为目标，开发中要保持与用户的沟通，取得与用户的共识，这使管理信息系统的开发建立在可靠的基础之上。

（2）工作阶段程式化。结构化生命周期法每个阶段的工作内容明确，这便于开发过程的控制。每一阶段工作完成后，要根据阶段工作目标和要求进行审查，这使阶段工作有条不紊，也避免为以后的工作留下隐患。

（3）工作文件规范化。结构化生命周期法每一阶段工作完成后，要按照要求完成相应的文档报告与图表，以保证各个工作阶段的衔接与系统维护工作的便利。

（4）设计方法结构化。结构化生命周期法采用自上而下的结构化、模块化分析与设计方法，使系统的各个子系统的相对独立，便于系统的分析、设计、实现与维护。

结构化方法的主要缺点是设计周期较长，但这一缺点对智能建筑而言，影响并不大，因为智能建筑的发展和使用呈阶段性特点，一般不会在短时间出现明显的变化。

5.3.2.2 快速原型化方法

快速原型化方法是一种根据用户需求，利用系统快速开发工具，建立一个系统模型，在此基础上与用户交流，最终实现用户需求的快速管理信息系统开发方法。原型法开发过程包括系统需求分析、系统初步设计、系统调试和系统转换、系统检测与评价等阶段。用户仅需在系统分析与系统初步设计阶段完成对应用系统的描述，开发者在获取一组基本需求定义后，利用开发工具生成应用系统，快速建立一个目标应用系统的最初版本，并把它提交给用户试用、评价，根据用户提出的意见修改补充，再进行新版本的开发，反复进行这个过程，不断地细化和扩充，直到生成一个用户满意的应用系统。目前，我国市场上的管理信息系统快速开发工具有：powerbuilder、visualbasic、visualfoxpro、delphi 等。利用这些面向对象的开发工具，可使开发者的精力和时间集中于分析应用问题及抽取反映应用系统实质的事物逻辑上，而不再拘泥于处理繁琐的开发实现细节，节省了大量的编程工作，并且使系统界面美观，功能较强。原型法具有开发周期短、见效快、与业务人员交流方便的优点，被广泛地应用于银行的财务报表系统、信贷管理系统、工资人事管理系统、固定资产管理系统等的开发中，比较适合智能建筑中管理子系统的开发。

5.3.2.3　综合法

综合法是将周期法和原型法两者结合使用，采用结构化生命周期法的设计思想，在系统分析与系统初步设计上采用原型法做出原始模型，与用户反复交流达成共识后，继续按结构化生命周期法进行系统详细设计及系统实施与转换、系统维护与评价阶段的工作。综合法的优点是兼顾了周期法开发过程控制性强的特点以及原型法开发周期短、见效快的特点。专业型的办公自动化系统，如商业银行的 MIS，采用综合法能使开发过程更具灵活性，往往会取得更好的开发效果。

5.3.2.4　面向对象的软件开发方法

随着 OOP（面向对象编程）向 OOD（面向对象设计）和 OOA（面向对象分析）的发展，最终形成面向对象的软件开发方法 OMT（Object Modeling Technique）。这是一种自底向上和自顶向下相结合的方法，而且它以对象建模为基础，不仅考虑了输入、输出数据结构，实际上也包含了所有对象的数据结构。所以 OMT 彻底实现了结构法没有完全实现的目标。不仅如此，该技术在需求分析、可维护性和可靠性这三个软件开发的关键环节和质量指标上有了实质性的突破，基本解决了在这些方面存在的严重问题，非常适合未来智能建筑的办公自动化系统。

面向对象的软件开发方法基本思想同“面向对象的程序设计语言”的设计思想一致，它采用对象模型、动态模型和功能模型等面向对象的建模技术来描述一个系统，以此方法进行系统分析和设计建立起来的系统模型需使用面向对象开发工具来具体实现。

5.3.3　基于 Intranet 网络的管理信息系统

基于 Intranet 的管理信息系统，用户只需借助于一个通用浏览器，使用诸如超级链接、搜索引擎等方法，通过简单地点击或操作，便可方便地访问 Intranet 网络内外的信息资源。通过浏览器界面，还可集成许多已有系统，如电子邮件、电子表格和各种数据库应用等，这是一种更有效的构造管理信息系统的方法。Intranet 是采用了 Internet 技术的企业局域网，遵从 TCP/IP 协议，以 Web 为核心应用，构成一个统一和便利的信息交换平台。基于 Intranet 网络的管理信息系统可最大限度地利用 Internet 技术中的各种对信息资源进行组织管理、处理、存储、传输和浏览的技术手段，建设高效能的管理信息系统。

5.3.4 管理信息系统的开发平台和辅助开发工具

开发一个管理信息系统软件，要有一个平台基础，这个平台包括两个部分：硬件平台和软件平台。作为工作站的计算机和作为服务器的网络硬件，称为硬件平台。支持工作站和服务器的操作系统软件和用于管理信息系统开发的工具软件、数据库以及数据分析工具软件，通称为软件平台。

开发一个小型管理信息系统，可在一台计算机上完成。这样一个系统的硬件配置要求并不高，操作系统软件可以选用 Windows 98/2000，开发工具可以选用 Visual FoxPro、Access、专用软件包等；数据库平台可以使用开发工具本身所带的数据库；数据分析软件一般都使用 Excel 等。

在一个信息系统的开发过程中，最重要的是系统的分析和设计，开发工具只是实现这个系统分析和设计的工具。被选择的辅助开发工应具有如下几个特点：交互性，使用人机对话方式实现用户与计算机之间的交互；易使用性；高效性；易调试性和易维护性。

目前比较流行的软件工具一般分为六类，即一般编程工具、数据库系统、程序生成工具、专用系统开发工具、客户/服务器型工具以及面向对象的编程工具等。这里简要介绍一些常用的开发工具。

5.3.4.1 Power Builder 开发工具

Power Builder 是按照 Client/Server 体系结构设计、研制的开发系统，是面向对象的数据库应用开发工具，可同时支持多种目前广泛使用的关系数据库系统，例如 Sybase、Oracle、Informix、SQL Server 等各种关系数据库。

数据库应用是办公自动化中一个非常重要的方面，目前的数据库应用技术中普遍采用客户机/服务器体系结构，在这种体系结构中，所有的数据和数据库管理系统都在服务器上，客户机通过采用标准的 SQL 语句等方式来访问服务器上数据库中的数据。由于这种体系结构把数据和对数据的管理都统一放在了服务器上，保证了数据的安全性和完整性，同时也可以充分利用服务器高性能的特点。正因为客户机/服务器体系结构的这些优点，因而得到了非常广泛的应用。

Power Builder 是著名的数据库应用开发工具生产厂商 Power Soft 公司推出的

产品（Power Soft 现已被数据库厂商 Sybase 所收购），它完全按照客户机/服务器体系结构设计，在客户机/服务器结构中，它使用在客户机中，作为数据库应用程序的开发工具而存在。由于 Power Builder 采用了面向对象和可视化技术，提供可视化的应用开发环境，使得利用 Power Builder，可以方便快捷地开发出利用后台服务器中的数据和数据库管理系统的数据库应用程序。

在当前，网络技术迅速发展，随之发展的还有 OLE、OCX、跨平台等技术，Power Builder 自 6.0 版就提供了对这些技术的全面支持。可以说 Power Builder 是一种非常优秀的数据库开发工具，利用它可以开发出功能强大的数据库应用程序。

5.3.4.2 Excel 软件

Excel 以数据报表分析的基本形式，为用户提供了围绕报表而进行的多种数据分析功能。它所提供的功能和用户使用的方便程度是非常卓越的，在数据处理和分析能力上几乎覆盖了我们日常经济、经营和管理活动所包括的各个领域（诸如建立工作文件、定义模型、提取数据、定量化分析、图形分析等）。同时它又是面向最终用户的，可以使企业管理人员在不了解计算机和程序设计原理的情况下，经过短期训练，就能方便自如地使用它来处理管理问题。

Excel 电子表格具有四大功能：工作单、图表、数据库和宏，但一般很少得到充分的利用，从已有的使用经验看，Excel 是非常适合管理信息系统操作层开发的。目前已出现了用 Excel 的各种费用计算及收费软件。

5.3.4.3 Delphi 软件

Delphi 是著名的 Borland（现在已和 Inprise 合并）公司开发的可视化软件开发工具。“真正的程序员用 c，聪明的程序员用 Delphi”，是对 Delphi 真实的描述。Delphi 被称为第四代编程语言，它具有简单、高效、功能强大的特点。和 VC 相比，Delphi 更简单、更易于掌握，而在功能上却丝毫不逊色；和 VB 相比，Delphi 则功能更强大、更实用。可以说 Delphi 同时兼备了 VC 功能强大和 VB 简单易学的特点，它一直是程序员至爱的编程工具。

Delphi 具有以下的特性：基于窗体和面向对象的方法，高速的编译器，强大的数据库支持，与 Windows 编程紧密结合，强大而成熟的组件技术。但最重要的还是 Object Pascal 语言，它才是一切的根本。Object Pascal 语言是在 Pascal 语言的基础上发展起来的，简单易学。

Delphi 提供了各种开发工具，包括集成环境、图像编辑（Image Editor），以及各种开发数据库的应用程序，如 Desktop Data Base Expert 等。除此之外，还允许用户挂接其他的应用程序开发工具，如 Borland 公司的资源编辑器（Resourse Workshop）。

在 Delphi 众多的优势中，它在数据库方面的特长显得尤为突出：适应于多种数据库结构，从客户机/服务机模式到多层数据结构模式；高效率的数据库管理系统和新一代更先进的数据库引擎；最新的数据分析手段和提供大量的企业组件。

Delphi 发展至今，从 Delphi1、Delphi2 到现在的 Delphi5，不断添加和改进各种特性，功能越来越强大。Delphi5 添加了对 IDE（集成开发环境）的很多改进新特性，扩展了数据库支持（ADO 和 Inter Base 数据库），带有 Internet 支持的 MIDAS 改进版，Team Souse 版本控制工具，转换功能，框架概念以及很多的新组件与新特性。

5.3.4.4 Visual FoxPro 软件

Visual FoxPro 是基于 Windows 平台和服务器上的可视化数据库管理系统，它的每一个基本命令又可派生出多条命令。整个命令系统提供了处理大型、复杂数据库系统的能力，利用这些命令可以开发出大型的管理信息系统，界面易懂易用，不具备专业计算机知识的人员也可以使用。但主要缺陷在于缺乏后续发展版本，软件商已放弃了 64 位软件的进一步开发。

5.4 办公自动化系统中的数据库技术

办公自动化系统中的数据处理在很大程度上要借助于数据库来实现。数据库系统以其可靠的数据存储和管理、高效的数据存取和方便的应用开发等优点，而得到了广泛的应用。

5.4.1 商务与管理领域主要应用的传统数据库

已广泛应用于商务与管理领域的数据库分网状、层次和关系型三种数据库。

（1）网状数据库。网状数据库将记录作为数据的基本存储单元，一个记录可以包含若干数据项，这些数据项可以是多值的或者是复合的数据。网状数据库是一种导航式的数据库，用户在执行具体操作时，不但需要说明做什么，还需要说明怎么做。例如，在查找时不但要指明查找对象，而且还需要规定存取路径。

（2）层次数据库。层次数据模型用树状结构来表示实体之间的联系，结构简单清晰，但查询必须按照从根节点开始的某条路径指针进行，否则就不能直接作出回答，而且路径一经指定就无法改变。

（3）关系数据库。关系模型是用可以施加关系代数操作的二维表格来描述实体属性间的关系及实体集之间联系的模式，它将数据的逻辑结构归纳为满足一定条件的二维表格。所以，关系模型的主要特点是不仅其中的数据用二维表格来表示，所有的二维表格及表格中的数据都存在一定关系。

SQL（Structured Query Language）是一种典型的关系数据库，它是一种高度非过程化的语言，类似英语口语，易学易懂，功能也十分强大，包括查询、操作、定义和控制等，在智能化办公系统的应用将越来越广。

5.4.2　数据库的互联网/Web架构方式

早期的数据库以大型机为平台，是一种集中存储、集中维护、集中访问的"主机/终端"模式，"客户机/服务器"模式的数据库技术，使数据库的应用更方便，与现在的网络技术结合得更紧密。网络化应用催生了第三代数据库技术。

基于Web的客户机/服务器系统，不仅具有传统客户机/服务器的可用性和灵活性，同时对用户访问权力和限制的集中管理使其应用更易于扩充和管理。用户只需在一种界面上（浏览器）就可访问所有类型的信息。Web服务器是万维网（WWW）的组成部分，通过浏览器访问Web服务器，一个服务器中除提供它自身独特的信息服务外，还"指引"着存放在其他服务器上的信息，而那些服务器又"指引"着更多的服务器，从而使全球范围的信息服务器互相指引而形成信息网络。浏览器与Web服务器之间遵守一个称之为超文本传输协议HTTP进行相互通信。

还有一种简化的"浏览器/服务器"结构，用户通过浏览器向分布在网络上的许多服务器发出服务请求。浏览器/服务器结构简化了客户机的管理工作，客户机上只需安装配置少量的客户端软件；服务器将负担更多的工作，对数据库的访问和应用系统的执行均在服务器端完成。

5.4.3　非结构化的Internet数据库

信息技术中的数据信息大体上可以分为两类：一类是能够用数据或统一的结构加以表示的，称之为结构化数据，如数字、符号；另一类信息是根本无法用数字或者统一的结构表示的，例如文本、图像、声音乃至网页等，称为非结构化数据。非结构化数据库，就是指数据库的不定长记录由若干不可重复和可重复的字段组成，而每个字段又可由若干不可重复和可重复的子字段组成。从本质上看，非结构化数据库就是字段数和字段长度可变的数据库。

由于互联网技术的发展，数据库的应用环境发生了巨大的变化。电子商务、远程教育、数字图书馆、移动计算等都需要新的数据库支持。传统关系型数据库由于其联机事务处理、联机数据分析等方面的优势，仍将在Internet数据库应用方面发挥自己的传统优势而获得发展。

非结构化数据库是传统关系数据库的一个非常有益的补充。虽然非结构化数据库兼容各种主流关系数据库的格式，但是非结构化数据库在处理变长数据、文献数据和因特网应用方面，更有自己独特的优势，检索的多样化、检索效率较高（如全文检索）、开发工具齐备。

对于大型信息系统工程、因特网上的信息检索、专业网站和行业网站，非结构化数据库都是一项较好的选择。

5.4.4 分布式数据库系统和其他类型的数据库技术

分布式数据库系统是地理上分散而逻辑上集中的数据库系统，分布式数据库系统需配置功能强大的计算机系统和通信网络。分布式数据库系统的一些主要特征包括：

(1) 节点透明。不同节点上的全局用户面对的是逻辑上统一的同一个分布式数据库，数据分布和交换的分布式加工等技术细节对全局用户透明。

(2) 同构和异构系统能够整合。各结点系统的数据模型（层次型、网状型、关系型、函数型、面向对象型等）相同，分布式数据库系统是同构的，反之就是异构的。分布式数据库系统可同时存在同构和异构两类结构，大多数分布式数据库系统都是关系型同构系统。

(3) 节点自主。每个节点上既有全局用户也有局部用户，这样在分布式数据库系统中存在着全局控制和局部控制两级控制，两级控制的程度也不相同。但大多数分布式数据库系统都支持全局目录，这是一种面向数据对象的目录结构。

6 智能小区规划

智能化住宅小区及其功能要求，已在1.3节作了简要介绍。由于各种住宅小区的类型、居住对象、建设标准都有所不同，根据功能要求、技术含量、经济合理等综合因素，建设部在“全国住宅小区智能化系统示范工程建设要点与技术导则”中将小区智能化系统分为一星级（普及型）、二星级（提高型）、三星级（超前型）三种类型。在各种类型中，示范工程对于智能化系统的功能要求均分为三个部分，即安全防范子系统、信息管理子系统和信息网络子系统，但各等级系统的复杂程度有所不同。

当前，智能住宅小区实际上由住户、小区公共设施和物业管理三部分组成，这三个部分对三个子系统有着各自具体的功能要求，如图6-1所示。

智能小区和智能家居都是由智能建筑衍生出来的，其系统和结构与前述智能建筑的相关内容类似。本章主要结合智能小区的特点介绍其主要内容。

6.1 安全防范系统

在智能化住宅小区中，通常设置的保安系统有周界防范、闭路监控、巡更、访客对讲、门禁、住户防盗报警和自动消防报警系统。

（1）周界防范报警系统。智能住宅小区一般在小区的围墙、栅栏顶上装有周界防范报警系统。当有人非法翻越周界时，探测系统便将警情传送到管理中心，中心的电子地图上便显示出发生非法越界的区域，提示保安人员及时处理警情，并联动打开事故现场的探照灯或闭路监控系统，发出警告。管理中心可掌握事件的全过程，随时采取措施，有效控制事态发展。

（2）闭路电视监控系统。闭路电视监控系统是在小区主要通道、重要的公共建筑、周界和主要出入口设置摄像机，在管理中心，根据摄像机的台数、监视目标的重要程度设置一定数量的监视器、画面分割器、云台控制器、长延时录像机等组成的监视控制屏。摄像机将监视范围内的图像信号传送到管理中心，对整个小区进行实时监视和记录。同时，闭路监控系统还可以与周界防范报警系统联动，如小区周界发生非法翻越时，管理中心监视屏上自动弹出相关画面，并进行录像。

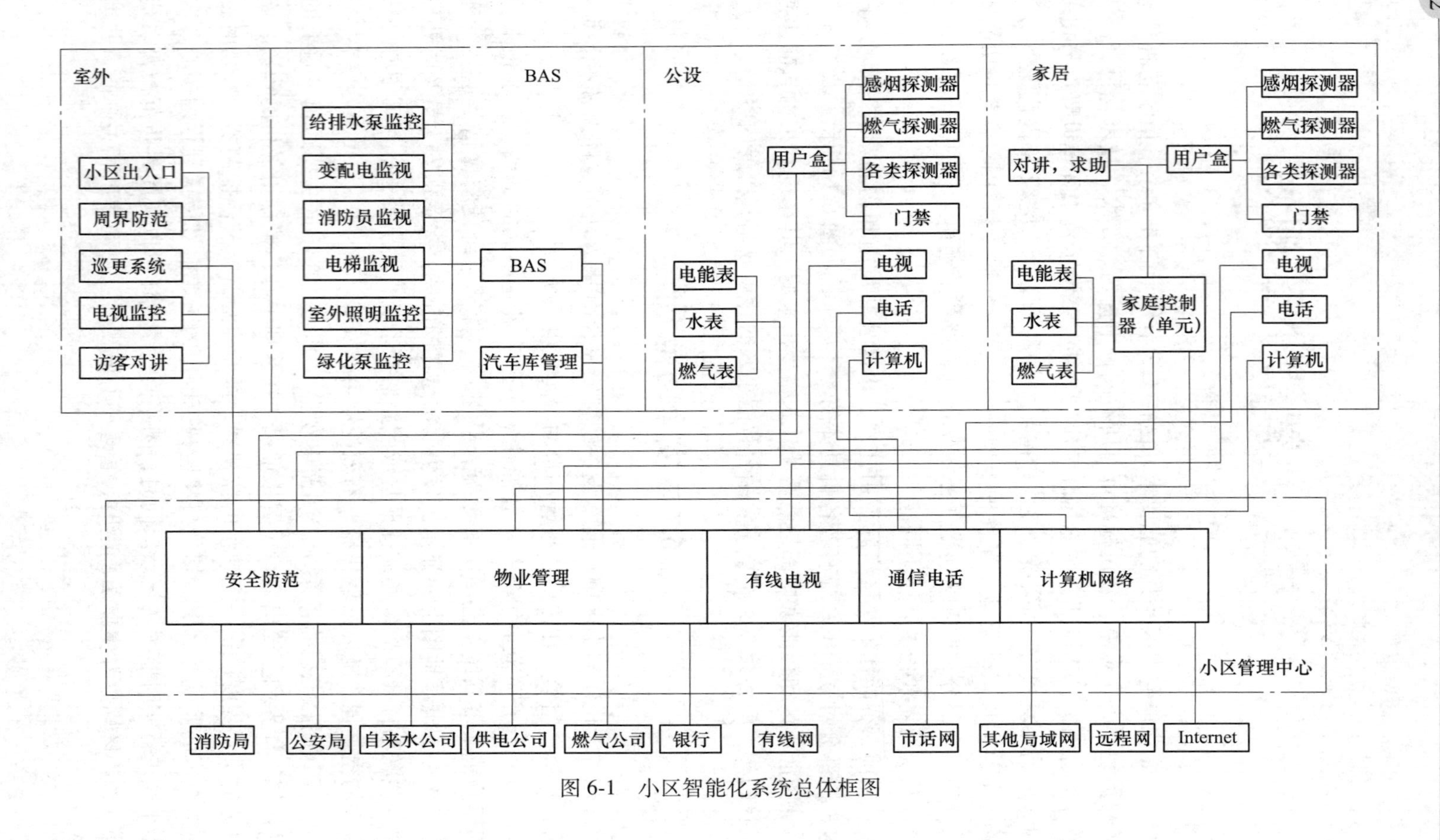

图 6-1 小区智能化系统总体框图

（3）巡更系统。巡更系统是在小区内设置若干个巡逻点，并尽量避免存在监视死区。保安人员携带巡逻记录机按规定的线路和时间巡逻，每到一点，即发出到位信号，传送到管理中心。管理中心因此可以了解巡逻人员的到位情况，并及时将巡更线路上的安全情况通报给巡更人员。

（4）访客对讲系统。访客对讲系统是在小区及各单元入口处安装防盗门和对讲装置，以实现访客与住户的对讲/可视对讲。住户可以遥控开启防盗门，有效地防止受限制人员进入住宅区。

（5）门禁系统。门禁系统就是出入口管理系统，对住宅及住宅小区内外的正常出入通道进行管理，既能控制人员出入，也可控制人员在相关区域的行动。

（6）住户防盗报警系统。住户防盗报警系统是为了保证住户在住宅内的人身及财产安全，通过在住宅内门窗及室内其他部位安装各种探测器进行监控。当出现警情时，信号通过住宅内的报警主机传输至物业管理中心的报警监控计算机。监控计算机将准确显示警情发生的住户名称、地址和所受的灾害种类或入侵方式等，提示保安人员迅速确认警情，及时赶赴现场，以确保住户人身和财产安全。同时住户也可以通过固定式紧急呼救报警系统或便携式报警装置，在住宅内发生抢劫案件和病人突发疾病时，向物业管理中心呼救报警，中心可根据情况迅速处理。

（7）自动消防报警系统。消防安全报警系统是在火灾发生初期，通过探测器根据现场探测到的情况（烟、可燃气体、有毒有害气体等），发出信号给区域报警器（一般规模的住宅小区可设多个）及消防控制室（若系统没有设区域报警器时，将直接发信号给系统主机），或人员发现有火情时，用手动报警或消防专用电话报警给系统主机，控制中心通过报警信号来迅速处理。

6.2 信息管理系统

信息管理系统，就是小区管理中心通过信息传输，控制、监视小区内公共设施的启、停及运行情况，计量住户的耗能费用，进行全面的物业管理，为住户服务。下面介绍常用的信息管理系统。

6.2.1 多表抄收与管理系统

多表抄收与管理系统是住户水、电、气等用量的抄收、计量系统，由于北方地区还有供热系统，有些小区还有热水或中水系统，所以称为多表抄收。传统的人工抄表方式，给住户带来很多不便与纠纷，也给物业管理部门增加了工作量和难度。传统方式不仅可能带来新的人为操作误差，更重要的问题在于入室抄表给居民带来新的不安全因素。

自动抄表系统，主要是应用计算机技术、通信技术、自动控制技术对住户的用水量、用电量、用气量等进行计量、计费。目前常用的有以下几种模式：

(1) IC卡表具系统。这是近几年国内推广使用的一种产品，具有计量和费用结算方便的特点。但从使用看，存在一些，在精度、价格以及防外力干扰上都存在一定的问题，导致不少地方重新启用传统机械计量表具。

(2) 自动远程抄表系统。如图6-2所示，自动远程抄表系统有四层结构：

1) 数据转换层：负责将电表、水表、燃气表的计量数据转换成电信号，供采集器收集。

2) 数据采集层：负责收集、发送由三表传送来的电信号。

3) 数据管理层：负责系统参数设置、数据统计、用户资料管理。

4) 数据交换层：小区用户数据管理与有关行业管理部门（如电力公司、自来水公司、燃气公司以及银行的计算机中心）进行用户三表的数据交换和费用收取。

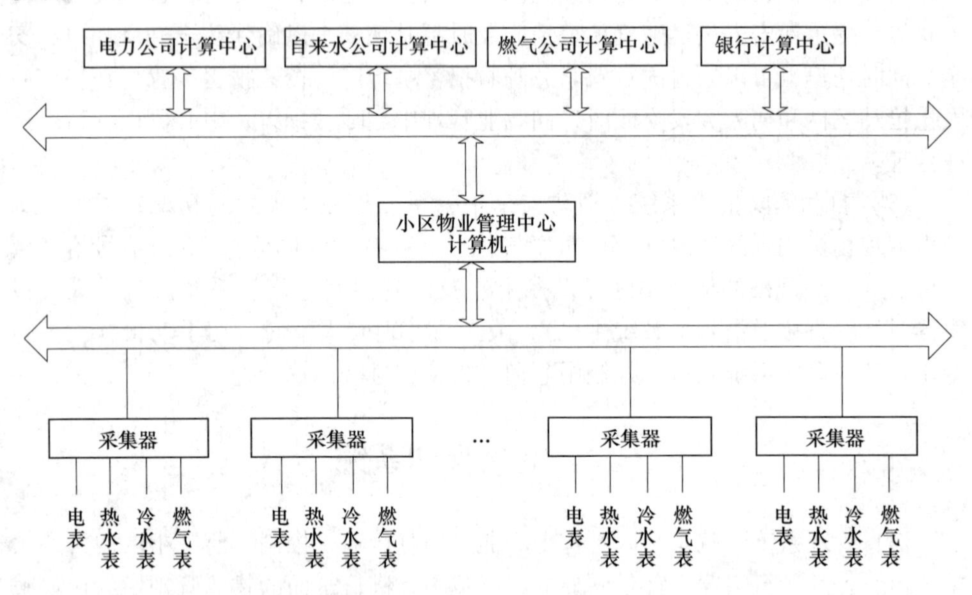

图6-2　自动抄表系统构成

自动抄表系统应用计算机、通信和现代自动控制技术，对住户的用水量、用电量、用气量等进行计量、计费。目前常用的有电力载波远传系统、总线控制网络自动抄表系统、公共电话网自动抄表系统、有线电视网自动抄表系统四种模式。

6.2.1.1　电力载波远传系统

采用电力载波方式来传送三表采集数据，可以连接城市和乡村，应用范围包括380V低压配电网的小区、10kV中高压配电网的城市和乡镇，也可对电力网络、供水管路、供气管路作智能综合管路，如图 6-3 所示。

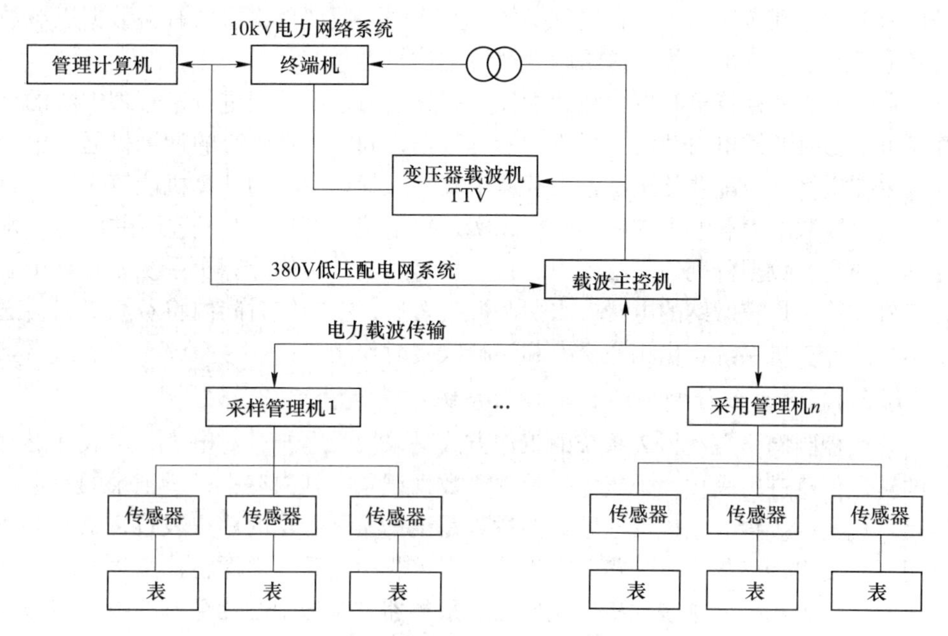

图 6-3 电力载波三表远传系统

电力载波抄表系统的主要特征是，数据采集器将数据以载波信号方式通过电力线传送。因为每个房间都有低压电源线路，连接方便，因此不需要另设线路。由于电力线的线路阻抗和频率特性几乎每时每刻都在变化，所以要求电网的功率因数必须保持在 0.8 以上，以保证传输信息的可靠性。另外，采用此种系统，也宜考虑电力总线是否与其他（CATV、无线射频、互联网络等）总线方式的兼容。

在电力载波三表远传系统中传感器是加装在电表、水表和燃气表内的脉冲电路单元，信号采样是采用无触点的光电技术。采集管理机通过传感器对管辖下的电表、水表和燃气表的数据予以存储、调用，同时接收来自主控机的各种操作命令和回送各用户表的数据。电力载波采集管理机的精度与电表、水表和燃气表的精度一致。采集管理机内设置有断电保护器，数据在断电后长期保存。电力载波主控机负责对管辖下的电力载波采集器送来的数据进行实时记录，并将数据予以存储，等候管理中心的调用，同时将管理中心的各种操作命令传递给电力载波采集器。

电力载波采集器与电表、水表和燃气表内传感器之间采用普通导线直接连接，电表、水表和燃气表通过安装在其内传感器的脉冲信号方式传输给电力载波采集器，电力载波采集器接收到脉冲信号转换成相应的计量单元后进行计数和处理，并将结果存储。电力载波采集器和电力载波主控机之间的通信采用低压电力载波传输方式。电力载波采集器平时处于接收状态，当接收到电力载波主控机的操作命令时，则按照指令内容进行操作，并将电力载波采集器内有关数据以载波信号形式通过低压电力线传送给电力载波主控机。

管理中心的计算机和电力载波主控机的通信通过市话网进行，管理中心的计算机可以随时调用电力载波主控机的所有数据，同时管理中心的计算机通过电力载波主控机将参数配置传送给电力载波采集器。管理中心的计算机能够实时、自动、集中抄取电力载波主控机的数据，实现集中统一管理用户信息，并将电、水和燃气的有关数据分别传送给电力、自来水和燃气公司的计算机系统。管理中心计算机计算用户应缴纳的电费、水费和燃气费后，在规定时间内将费用资料传送给银行的计算机系统，供用户交费和银行收费时使用。

6.2.1.2　总线控制网络自动抄表系统

总线控制网络自动抄表系统的工作方式是采用光电技术对电表、水表和燃气表的转盘信息进行采样，采集器计数并将数据记录在其内存中，所记录的数据供抄表主机读取。抄表主机读取数据的过程是根据实际管辖的用户表数，依次对所有用户表发出抄表指令，采集器在正确无误接收指令后，立即将该采集器内存储记录的用户表数据向抄表主机发送出去，采集器和管理中心计算机的数据传送采用独立的双绞线。图 6-4 为总线网络三表远传系统结构示意图。

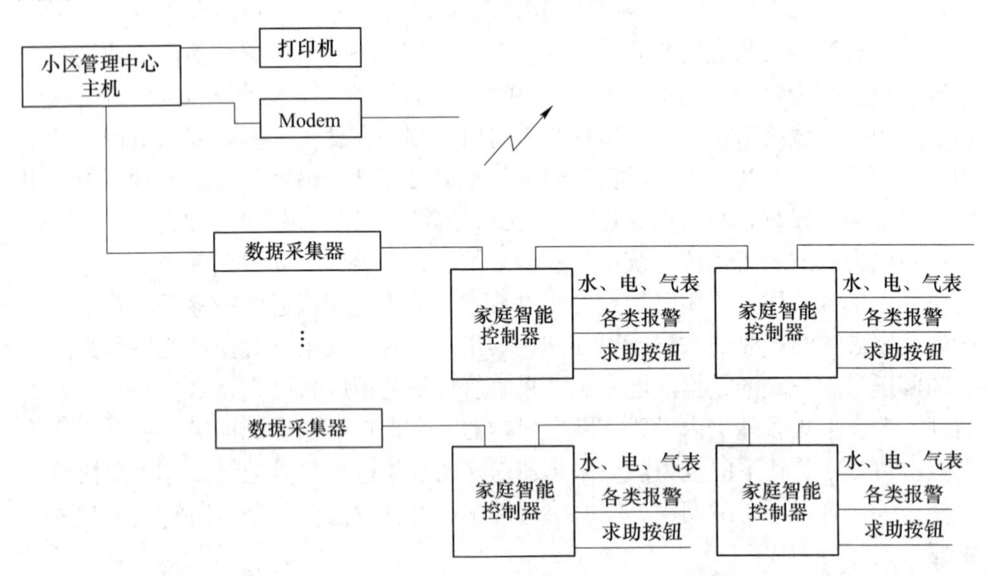

图 6-4　总线网络三表远传系统结构示意图

管理中心的计算机可对抄表主机内所有环境参数进行设置，控制抄表主机的数据采集、读取抄表主机内的数据、进行必要的数据统计管理。管理中心的计算机不仅会将有关的电、水和燃气的数据传送给电力、自来水和燃气公司的计算机系统，而且管理中心的计算机同时会准确快速地计算出用户应缴纳的电费、水费和燃气费，并将这些资料传送给银行计算机系统，供用户在银行交费时使用。

6.2.1.3 公共电话网自动抄表系统

采集器所采集的数据通过电话线发送到管理中心。该种方式较无线信道或电力线载波进行通信干扰小，因而更为可靠，不但节省初期投资，而且安装使用简便。

6.2.1.4 有线电视网自动抄表系统

管理中心的计算机通过有线电视网络读取住户家中的三表，实现远程自动抄表。此时的有线电视网络应为双向网。

6.2.2 公共设施管理系统

作为住宅小区，给排水、变配电、公共照明、电梯控制等都是必不可少的内容。对于智能小区来讲，通常需要控制、监测的有以下几个系统：给排水系统、小区空调供热系统、电梯运行监视系统、小区供电系统、小区公共照明系统、绿地喷淋系统等，如图 6-5 所示。

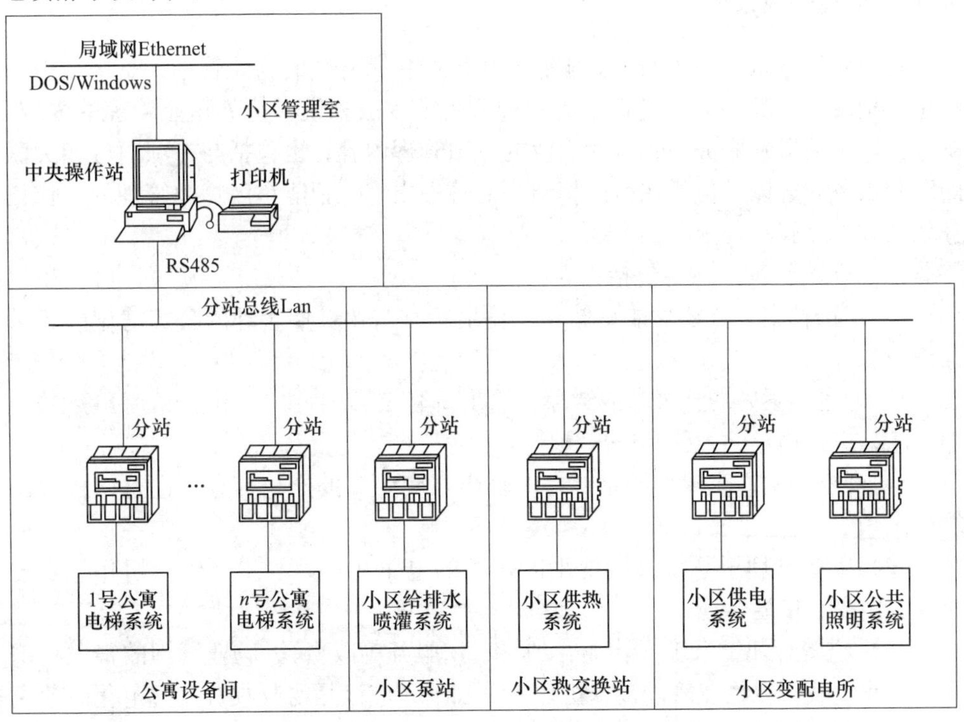

图 6-5 公共设施管理系统控制网络图

控制设备的选择应符合《智能建筑设计标准》(GB/T 50314—2000) 和《民用建筑电气设计规范》(JGJ/T 16—92) 第26章“建筑物自动化 (BAS)”中的有关规定，即在中央站到现场控制器之间必须有直接通信的网络，现场控制器是智能分站的要求。控制设备网络分层如图6-6所示。

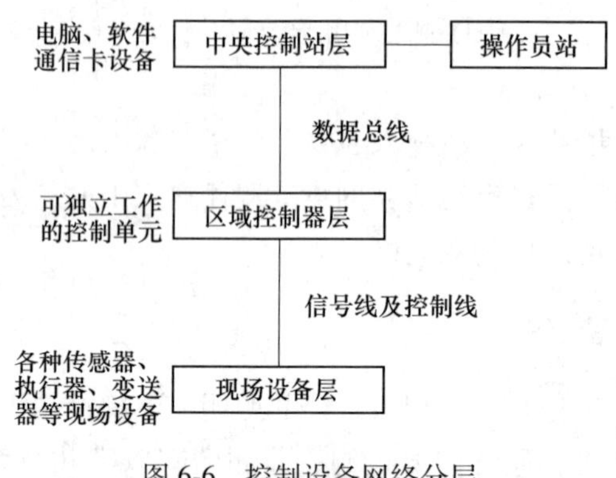

图6-6 控制设备网络分层

6.2.3 物业管理系统

物业管理的宗旨在于服务。服务于房地产售租后期的物业管理，是房屋作为耐用消费品进入长期消费过程中的一种管理。一般来说，这类物业管理的内容，既包括以生活资料服务与管理为主业的专项管理内容，也包括与专项内容相关联的配套服务内容以及与所在社区相结合的管理内容。智能小区物业管理的工作任务如图6-7所示。

(1) 房产管理子系统包括：

1) 房产档案，主要功能是储存、输出所有需要长期管理的公寓房屋的各种详细信息。

2) 业主档案，主要功能是储存、输出每套公寓的住户 (包括租用户) 的详细信息，进行住户的入住和迁出操作。

3) 产权档案，主要功能是储存、输出每套公寓的产权信息，进行产权分配的操作。

(2) 财务管理子系统，实现小区账务的电子化，并与指定银行协作，实现业主费用的直接划转。

(3) 收费管理子系统 (物业管理/租金/服务等收费)，物业管理的很大一部分是物业收费。在物业管理计算机化的基础上，应该是物业收费的规范化。业主可以通过IC卡缴纳各种物业费用，包括租金、月收费、年收费、合同收费、三表收费等，此外还包括日常各种服务收费，如有线电视、VOD、internet、停车、洗衣、清洁等。

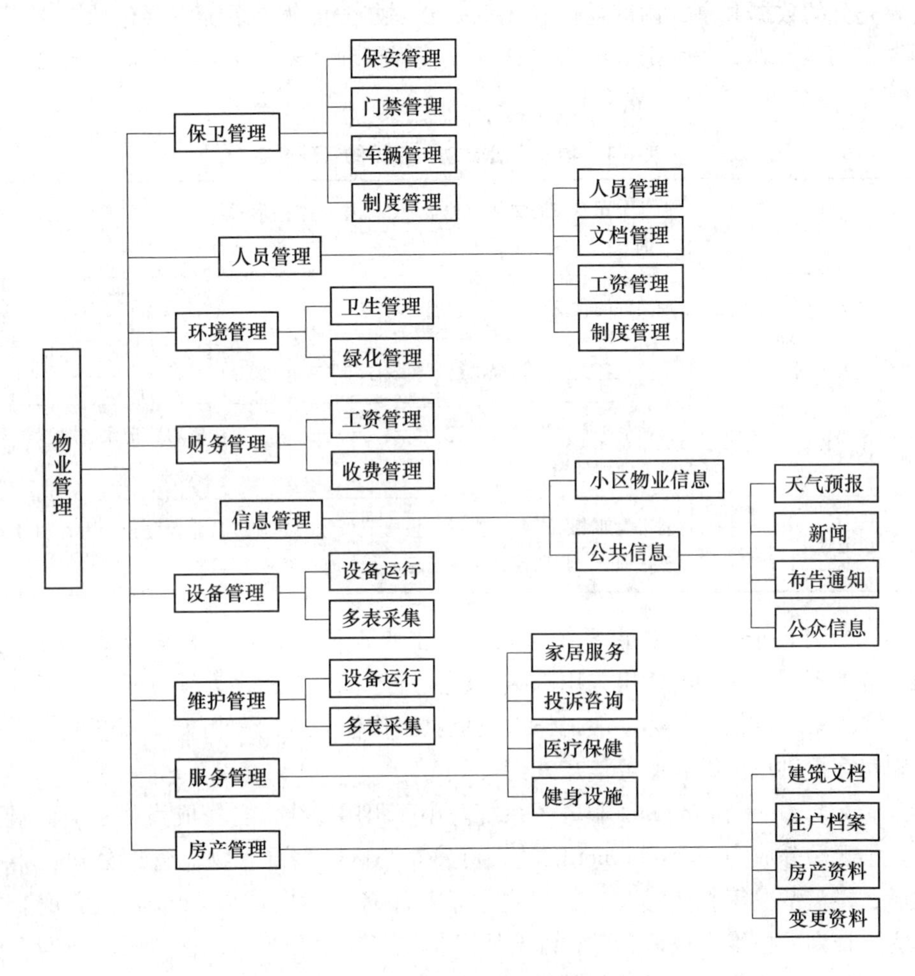

图 6-7 智能小区物业管理的基本任务示意框图

1）收费标准（各种费用、租金、物业管理费等）主要功能，是对收取的各类费用确定价格因素以及进行计算工作。

2）收费计算主要功能，是确定最后应向用户收取的费用和设定费用追补项目，图 6-7 小区物业管理的工作任务为费用收取做准备。

3）费用结算主要功能，是进行实际的费用收取工作，输出每一套户的各类费用收欠情况。

（4）图形图像管理子系统，主要功能是储存物业小区的建筑规划图、建筑效果图、建筑平面图、楼排的建筑平面图、建筑效果图、建筑示意图，套户的单元平面图、基础平面图、单元效果图、房间效果图。

（5）办公自动化子系统，在小区网络的基础上提供一个足够开放的平台，实现充分的数据共享，内部通信和无纸办公。办公自动化系统主要包括：文档管理、收发文管理、各类报表的收集整理、接待管理（来宾来客、投诉、管理、报修等）、事务处理等，见表6-1。

表6-1 物业办公自动化系统的管理内容

文档管理	将物业公司发布的文件分类整理，以电子文档形式保存，以方便公司人员检索、查询
收文管理	管理文件的收发、登记、管理
报表管理	收集整理各类报表，提供给公司领导和上级有关部门
接待管理	对公司的来宾来客进行登记，为编写公司大事记提供资料；记录各类投诉等转给事务处理过程
事务处理	对公司内部事务、各类投诉、报修等事务的处理进行监控登记，为管理者提供事务处理全过程监控和事后查询，为查询系统提供信息

（6）查询子系统。查询系统采用分级密码查询的方式，不同的密码可以查询的范围不同，查询的输出采用网络、触摸屏等多种方式，为领导了解小区管理状况和决策提供依据，为一般工作人员提供工作任务查询和相关文档查询，为业主和宾客提供小区综合服务信息查询。

（7）Internet和Intranet服务子系统。小区租用专线，自身成为一个ISP服务站。小区对外成为一个Internet网站，可发布小区的概况、物业管理公司、小区地形、楼盘情况等相关信息，提供电子信箱服务：对内形成Intranet，实现业主的费用查询、报修、投诉、各种综合服务信息（天气预报、电视节目、新闻、启示、广告）的发布、网上购物等。

（8）维修养护管理子系统包括：

1）房产维修主要功能是，储存、输出物业维修养护的详细情况。

2）设施设备维修主要功能是，储存、输出对物业中的各种公共设施、各种楼宇设备进行维修养护的详细情况。

3）统计及账务主要功能是，储存、输出所有维修养护工作的综合情况以及按照产权人来统计其应交的各种费用。

（9）公用模块及系统维护。在以上子系统中，都包括有如下三个公用模块：查询统计、系统维护和帮助。三个公用模块为用户更好地使用本系统提供了方便和安全的保证。

对小区公用设备的控制与管理内容见表6-2。

表 6-2　小区公用设备的控制与管理内容

控制部位	智能化管理内容
电源开关状态及故障报警	（1）高、低压配电柜状态监测及开/关控制； （2）高压配电电流、电压及有功功率监测； （3）变压器出线电流、电压、功率因数及有功功率监测； （4）各种负载的电流监测； （5）自动开关、母联开关的投切与故障报警； （6）多台开关的逻辑控制； （7）各层配电的状态与故障监测
给排水系统智能化管理	（1）各水箱、水池、低位预警； （2）各水泵的运行状态与故障集中监控； （3）生活水泵、潜水泵、废水泵故障报警、程序启动/停止； （4）污水池水位控制、水位最高限报警及夜间抽水排放控制； （5）根据统计的运转时间，安排各泵轮流使用，定期自动开列保养工作单； （6）设备管理中心电脑屏幕动画显示水系统的运转现状，如有异状，自动调出报警画面显示，并提供声响报警及报警打印
热交换站温度、压力、流量检测	（1）检测供回水温度、压力、流量； （2）自动检测总管压力； （3）自动检测补水泵运行状态； （4）根据协调级所确定的换热站控制方案确定所需开启换热器台数； （5）开关机过程控制，自动控制相关泵的启停；根据用户侧供水温度，自动控制相关阀门的开度，按优化控制算法自动调节相关用户侧循环泵的开启台数；根据回水压力，确定补水泵的启停； （6）热水循环泵的启停控制； （7）供热温度的自动调节； （8）显示各测量参数，修改各设定值
风机的启停状态	（1）按不同时段及楼层属性自动时序控制新风机启停； （2）送排风机状态监控、故障报警； （3）火警发生时自动开闭送排风机、正压送风机； （4）正压送风机状态监控，故障报警
照明智能化	（1）电梯口夜间警戒时段由红外人体侦测联动照明，自动启动监控录像； （2）小区庭院照明； （3）节日彩灯、泛光灯、广告霓虹灯、喷泉彩灯、航空障碍照明灯等的定时开关控制及各种图形及效果控制，立面、广告灯及路灯时序控制
电梯运行状态及故障报警	（1）电梯故障及具体故障类型； （2）各部电梯运动方向； （3）各部电梯供电电源状态

6.3 信息网络系统

小区信息网络系统，也称为小区通信自动化系统，是智能小区的神经系统，是小区信息传输的通道，也是实现与外界沟通的重要桥梁。它包括电话通信、卫星电视、有线电视、计算机网络等系统，依靠这些系统，可实现高速信息传输和信息交换，在连接多种信息服务的同时，确保小区由数字、文字、声音、图形、图像形成的各类信息的高速流通，实现小区与社会的信息交换和交流。

6.3.1 小区计算机局域网系统

小区计算机局域网系统有两种用途，一是向小区住户提供 Internet 接入服务，使住户得到社会公众网提供的各种服务信息；二是建立了自己的网站，并随着时间的积累，对外联系的增多，逐步丰富小区局域网的信息资源，在为住户提供多种信息的同时，也推销了房地产开发商、物业管理公司自己。网站可根据用户的需求决定接入的带宽，用户也可根据自己上网速率的需求购买局域网的带宽。

小区局域网在结构上可看成接入网、信息服务中心和小区内部网络三部分。

6.3.1.1 接入网

接入网是指局域网与 Internet 的联接方式。用户接入方式可以有多种选择，可以由电信局、有线电视台或其他 ISP（Internet）提供该业务。

A DDN 接入

数字数据网（DDN，Digital Data Network）是利用数字信道提供永久或半永久性连接电路，以传输数据信号为主的通信网。它的主要作用是提供点对点、点对多点的透明传输的数据专线电路，用于传送数字化传真、数字语音、数字图像信号或其他数字化信号。DDN 的用户主要是需固定传输数据的客户，如银行、民航联网售票等。

DDN 由数字传输电路和相应的数字交叉复用设备组成。其中，数字传输主要以光缆传输电路为主，数字交叉连接复用设备对数字电路进行半固定交叉连接和子速率的复用。组成 DDN 的基本单位是结点，各结点间通过光纤连接，构成网状的拓扑结构，数据终端设备（DTE）通过数据服务单元（DSU）与就近的结点机相连。其中：

DTE 表示接入 DDN 的用户端设备，可以是普通计算机或局域网服务器，也可以是一般的传真机、电传机、电话机等。DTE 和 DTE 之间是全透明传输。

DSU 可以是调制解调器或基带传输设备，以及时分复用、语音/数字复用等设备。

NMC 表示网管中心，可以方便地进行网络结构和业务的配置，实时监视网络运行情况，进行网络信息、网络结点告警、线路利用等情况的收集和统计工作。

DDN 专线接入 Internet 是指用户与 ISP 之间通过物理线路的实际连接来传输数字数据，继而达到入网目的，如图 6-8 所示。

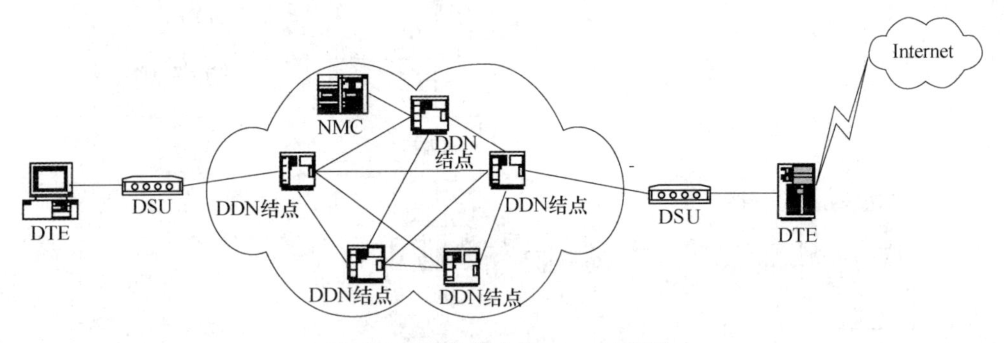

图 6-8 DDN 接入 Internet 示意图

以 DDN 方式接入 Internet，具有专线专用、速度快、质量稳定、安全可靠等特点，适用于对数据的传输速度、传输质量和实时性、保密性要求高的数据业务，如商业、金融业、电子商务领域等。DDN 缺点是覆盖范围不如公用电话网，并且费用昂贵。由于 DDN 需要铺设专用线路，从用户端进入主干网络，所以使用 DDN 专线不仅要付信息费，还要付 DDN 线路月租费。智能小区在用户数量达到一定程度时可以采用 DDN 接入方式。

B xDSL 接入

数字用户线（DSL，Digital Subscriber Line）是一种不断发展的宽带接入技术，该技术采用更先进的数字编码技术和调制解调技术，利用现有的电话线路传送宽带信号。目前已经比较成熟并且投入使用的 DSL 方案有 ADSL、HDSL、SDSL 和 VDSL 等，这些 DSL 系列统称为 xDSL。ADSL 是目前 xDSL 领域中最成熟的技术，非常适合传统社区的改造。

ADSL（Asymmetric Digital Subscriber Line）称为非对称数字用户线，它利用现有的电话线，为用户提供上、下行非对称的传输速率：从网络到用户的下行传输速率为 1.5~8Mbps，而从用户到网络的上行速率为 16~640kbps。ADSL 无中继传输距离可达 5km 左右，ADSL 这种数据上下传输速率不一致的情况与用户上网的实际使用情况非常吻合。

ADSL 采用复杂的数字信号处理技术、频分多路复用，用户可以在打电话的同时进行视频点播、发送电子邮件等上网操作。

ADSL 的安装通常由电信公司的相关部门派人上门服务，进行的操作如下：

（1）局端线路调整：将用户原有电话线接入 ADSL 局端设备。

（2）用户端：

硬件连接：先将电话线接入分离器（也叫做过滤器）的 Line 接口，再用电话线分别将 ADSL Modem 和电话与分离器的相应接口相连，然后用交叉网线将 ADSL Modem 连接到计算机的网卡接口，如图 6-9 所示。

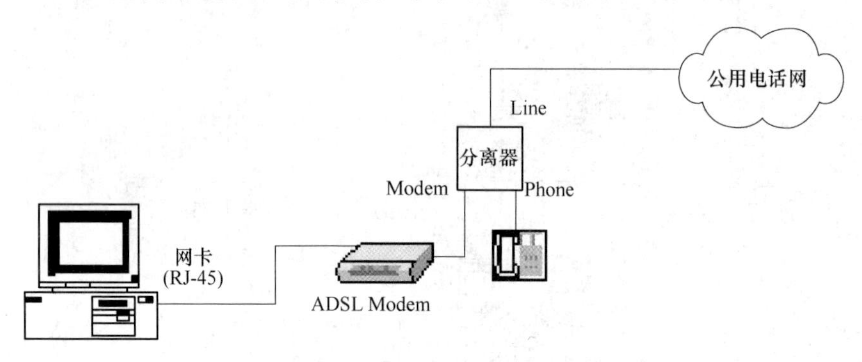

图 6-9 用户端接入 ADSL 示意图

软件安装：先安装适当的拨号软件（常用的拨号软件有 Enternet300/500、WinPoet、Raspppoe 等），然后创建拨号连接（输入 ADSL 账号和密码）。

连接上网：双击建立的 ADSL 连接图标，点击 connect。

但是，ADSL 对线路质量要求较高，此外还可能存在语音、数据相互干扰的问题。ADSL 使用的接入线为铜电话线，传输频率在 30kHZ~1MHZ 之间，传输过程中容易受到外来高频信号的串扰。

C CATV 网接入

视讯宽带网是对原有的有线电视网进行前端和用户端进行改造，使之具有双向传输功能，提供电信增值业务的 CATV 网。它通过中国金桥网、北京出口与 Internet 相连的，除了可提供 Internet 接入服务外，视讯宽带网还可利用有线电视台的资源优势，提供新闻、影视、VOD 、商业信息等服务。

通过 CATV 网与利用模拟电话线拨号上网相比，具有以下优势：传输速率高，可达到下行 40Mbps、上行 10 Mbps；初装费与普通 CATV 相同，用户上网不需拨号，高速经济；但接入时需安装 Cable Modem，价格较贵。如果小区上网用户越多，网速较慢，且不稳定，仅适合于不设局域网的小型住宅小区，如图 6-10 所示。

D FTTB

FTTB（Fiber To The Building）的含义是光纤到楼，是一种基于高速光纤局域网技术的宽带接入方式。FTTB 采用光纤到楼、网线到户的方式实现用户的宽带接入，因此又称为 FTTB+LAN，这是一种最合理、最实用、最经济有效的宽带接入方法。

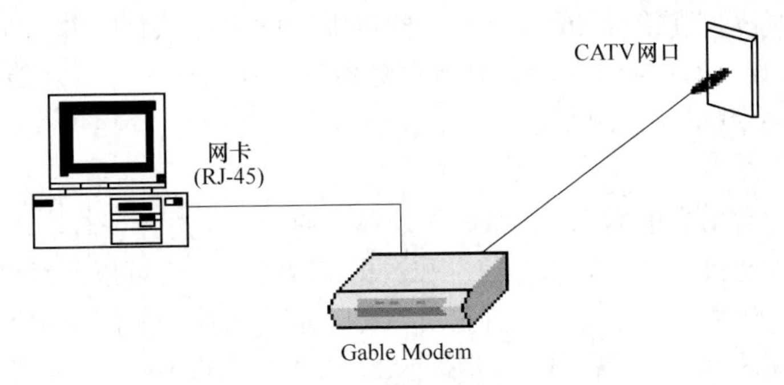

图 6-10 用户端接入 CATV 示意图

FTTB 利用数字宽带技术，实现千兆到社区、局域网百兆到楼宇，十兆到用户，用户仅需在墙上增设信息插座。FTTB 对用户计算机的硬件要求和普通局域网的要求一样，只需在计算机上安装一块 10M 以太网卡即可进行 24h 高速上网。

FTTB 采用的是专线接入，所以用户开机后不需要拨号即可接入 Internet。通过 FTTB 高速专线上网的用户，不但可使用 Internet 的所有服务，而且还可以享用由 ISP 另外提供的诸多宽带增值业务，如远程教育、远程医疗、视频点播、交互游戏、广播视频等。

但是 FTTB 带宽为共享式，住户实际可得的带宽受并发用户数限制。此外，ISP 必须投入大量资金铺设高速网络到每个用户家中，已建小区线路改造工程量大，仅适合于新建小区。

6.3.1.2 信息服务中心

信息服务中心是小区局域网的心脏，由路由器、防火墙、Internet 服务器、数据备份设备、交换机、工作站等硬件设备和网络操作系统、Internet 应用服务器、数据库、网络管理、防火墙等软件，以及针对小区实际需要而二次开发的应用软件等组成。

A 路由器

路由器（Router）一端接 ISP 网络，一端接局域网防火墙，运行路由器管理软件，是对局域网内外数据选择路径并进行包转发的桥梁。路由器工作于 OSI（开放系统互联）工作模型的第三层，即网络层，它负责 LAN-LAN 连接出现的交换和路由选择，还负责从节点到节点（而不是终端到终端）之间运送数据，并负责连接的建立、数据的转移和阻塞控制等。选择路由器时应采用能支持多种网络通信协议，配置适合 ISP 网络和局域网网络端口的路由器。

B 防火墙

防火墙利用数据加密、用户认证、访问控制等手段保护局域网免受来自外部的侵害，同时也可防止内部用户对非法站点的访问。防火墙可由专用的防火墙设备（如天网防火墙系统）或运行于服务器中的防火墙软件（如 Microsoft Proxy Server）来实现。有些防火墙具有代理服务器（Proxy Server）的功能，可提高局域用户对 Internet 的访问速率。

C 服务器

服务器的数量应根据小区的规模、业务量的大小来选择。对于业务数量不大的小区，可以选择一台作为综合信息和数据库服务器，也可以选择两台服务器，双机备份；对于大型住宅小区，宜选用多台服务器分别运行不同的应用软件和数据库软件，如 Web 服务器、E-mail 服务器、FTP/BBS/NEWS 服务器、SQL 数据库服务器。

D 软件

网络操作系统软件：在目前最通行的客户/服务器（C/S：Client/Server）操作系统结构中，小型网常用 Windows NT，大型专用型网络常用 Unix 等操作系统。

数据库软件：常用的是 Microsoft SQL Server，这是一个具有可扩充性、高性能的关系型数据库管理软件，是满足分布 C/S 计算需要而设计的。

应用软件：应优先选择已商品化的软件，在此基础上进行二次开发，以满足小区管理和使用的实际需要。这类软件主要有：IIS（Microsoft Internet Information Server），可提供 Web、FTP、BBS、News 等服务；Microsoft Exchange Server，提供 E-Mail 服务，即为用户设立电子信箱，存储所有电子邮件同时负责邮件路由。此外，也可采用开发工具软件（如 Lotus Notes/Domino）为统一的开发平台，基于 C/S 结构进行所有应用软件的开发。

网络管理软件：装于信息中心工作站（PC）上，对网络节点、路由器、交换机等进行配置，故障诊断、故障恢复、性能分析和测试的软件，可使网络设备更加有效地利用，保障网络的高效运行。

工作软件：装于信息中心工作站上，用于日常工作的软件，如 WindowsXP、Office 等，用于 Intranet 的数据维护，如主页更新、内部信息发布、收发 E-mail 等。

用户端软件：用户上 Internet 的工具软件，如常见的 IE、Foxmail 等。

6.3.1.3 小区内部网络

小区内部网络是将千家万户连接到信息服务中心的高速公路和运载工具。内部网络的构成可以有多种选择，如 155Mbps ~ 1.2Gbps 的 ATM、100Mbps 的 FDDI，两种快速的以太网，20Mbps 的 ARCnet、16Mbps 的令牌环等等技术。对于住宅小区而言，采用快速以太网是最经济实用的选择，事实上这也是目前国际上最通行的局域网式。以太网的特点是组网便宜、网络产品成熟、可支持各种不同媒体的标准、多供应商的产品能够混合使用，其星型结构利于系统的扩充、升级和维护，符合住宅小区分期开发、分步扩充的特点。

快速以太网分交换式 10Base-T 以太网和共享式 100Base-TX 以太网两种，可支持铜线和光纤（不支持同轴电缆）。

6.3.1.4 小区局域网的功能

小区局域网主要可为住户提供物业管理办公自动化、综合信息服务、家居服务和日常生活资讯等 4 个功能模块（按需开发）。

（1）物业管理办公自动化模块功能：如客户管理、物管公司人事工资考勤管理、小区设施预定、住户费用查询等。

（2）小区综合信息服务模块功能：

Internet：向住户提供 Internet 接入服务。

内部电子信箱：小区可为每个住户配置电子信箱，方便住户与世界各地的互联网用户通信，用户通过电子信箱还可以订阅各种电子杂志。

小区公告栏：管理处通过公告栏可向全体住户发布社区新闻、维修通知、服务推介等信息，小区内商家也可在公告栏上做广告吸引住户前往消费。此外，所有用户都可在公告栏上自由发表意见和文章。

网上游戏：用户可参与网上游戏，可多人参与，也可人机对打。

网上图书馆：与公共数字图书馆联网，供用户选择阅读。

网络教育：建立一套网上教学软件库供用户选读，实现全面系统的家教服务。

软件下载：向用户提供的大量免费软件。

住户意见箱：管理处专设电子信箱收集住户对小区管理、服务、设施、收费等意见。

（3）家居服务模块功能。服务内容包括：钟点家务、家居装修、送餐、家教、医疗保健等，既可提高住户的生活素质，又能为物业管理公司增加就业机会和收益。

（4）日常生活资讯模块功能，为小区住户提供常用的生活资讯，包括天气预报、蔬菜副食价格、交通旅游信息、家庭生活常识等。

6.3.2 小区有线电视系统

对于智能化住宅小区的有线电视网，应按最小 750MHz 的双向网来考虑。采用双向传输方式，这样用户也可向有线电视台申请，用 Cable Modem 或机顶盒上网。

6.3.3 小区电话系统

小区电话系统目前仍然使用模拟电话系统，但从技术进步与发展的角度来看宜采用综合布线系统。室内的电话系统应采用家居布线系统。

6.4 “一卡通”系统

“一卡通”系统顾名思义即“一卡多用、一卡通用”的系统，并且智能卡形状小巧轻薄，携带使用方便。在智能小区建设管理过程中，为了确保住户的安全和方便，在物业管理方面也采用了“一卡通”系统。此时的“一卡通”，是指在小区内的持卡人使用一张非接触式 IC 卡，便可完成进门、购物、娱乐、医疗、健身及停车等活动。物业管理公司人员利用它可进行考勤、电子巡更等操作。目前小区“一卡通”系统主要应用在以下几个方面：门禁管理系统、停车场管理系统、门禁考勤系统、消费系统、巡更管理系统等。

6.4.1 技术特点

“一卡通”系统的技术特点是“一卡、一网、一库”，是在一个局（广）域网内采用一个中心数据管理来达到一卡通用的目的，系统在中心集中对卡、人员及设备进行管理和配置，这样做的好处就是给系统的管理、维护、用户的使用（卡的处理）带来极大的方便，完善的系统平台将十分有利于系统的稳定和功能的扩展（只需增加相应的硬件设备即可）。如果在不同的子系统中分别发行同一张卡来达到一卡多用，或者将不同使用类型的卡在同一子系统利用不同的设备读卡，就不是一个真正的“一卡通”系统。

系统应配备丰富的终端设备，使其能够根据不同的用户需求灵活配置（或扩充）不同的系统，产品内部应支撑不同的网络平台，具备统一的通信协议。这就要求生产厂家开发和使用自身的核心技术体系。所以，不适宜采用不同厂家产品对系统进行组合，因为这很难做到由一个中心数据库来管理，从而给系统带来不稳定性。

6.4.2 IC 卡

IC 卡是将一个集成电路芯片镶嵌于塑料基片中，封装成卡片的形式，其外形如同信用卡，具有写入数据和存储数据的能力。IC 卡存储器中的内容根据需要可以有条件地供外部读取，或进行内部的信息处理和判断。根据卡中所镶嵌的集成电路的不同可分为以下三类：

（1）存储器卡，卡中的集成电路为 EEPROM（即可擦除可编程只读存储器，又写为 E2PROM）。

（2）逻辑加密卡，卡中的集成电路具有加密逻辑和 E2PROM。

（3）CUP 卡，卡中的集成电路包括中央处理器 CPU、E2PROM、随机存储器 RAM，以及固化在只读存储器 ROM 中的片内操作系统 COS（Chip Operating System）。

目前广泛使用的非接触IC卡，其集成电路不向外引出触点，因此它除了包含前三种IC卡的电路外，还带有射频收发电路及其相关电路。

“智能小区一卡通系统”的建设宜采取银行卡金融功能与非接触式电子钱包、电子化物业管理相整合的方式，由银行与物业管理公司联合发行银行卡，住户可以在各地的银行网点或自助终端实现存取款、消费、转账等金融支付，可以代替住户在社区内的所有个人证件（如出入、缴费、停车证等），应用于需要身份识别的各种MIS系统；可以通过设在非接触式IC芯片内的电子钱包实现餐饮、社区内购物、上机上网、医疗等社区内消费。

目前使用较多的是Mifare卡。Mifare卡是当今世界上较先进较成熟、较完善的一种智能卡，具有固定的操作平台，类似CPU功能，其特点主要有：

（1）防伪。它把交易的数据放在很严密的密匙算法里面，通过非接触式感应，传到读写器里面，其功能相当于数字式手提电话，不易空中拦截、解密和对卡的破坏。

（2）可靠。它把每次交易成功健全的数据经判别后写入读写区域里面，如果交易数据残缺不健全，CPU会取消交易。

（3）防冲突。读写器可以“同时”处理多张非接触式IC卡，即读写器从多张IC卡中单独锁定一张卡，然后与之通信，完成以后才与下一张卡通信。

（4）综合管理性强。一张卡有16个单独设密码的区域，可以存取16种相互独立、互不相干的信息资料，能满足16种不同使用功能的款项交易和管理，这是其他卡不可比拟的优越性。

（5）寿命长。非接触的使用形式，在使用上的损耗极小。数据在卡中一般保存10年，写卡次数超过10万次。

6.4.3 “一卡通”系统管理中心

6.4.3.1 中心配置

“一卡通”中心通常由“一卡通”平台、接口和应用子系统构成。

（1）平台：中心服务器，前置机（综合前置机、银行转账前置机、查询前置机）。

（2）持卡人业务系统，会计业务系统。

（3）接口：银行接口，电信接口。

（4）应用子系统：具体相关管理的应用子系统，分为商务消费类、身份识别类和混合类，如商务、考勤、门禁、图书等子系统。

中心主要配置服务器和中央管理计算机、打印机、发卡机、非接触式读写器组成，通过网络与各子系统联网，组成住宅区的“一卡通”管理系统，如图6-11所示。

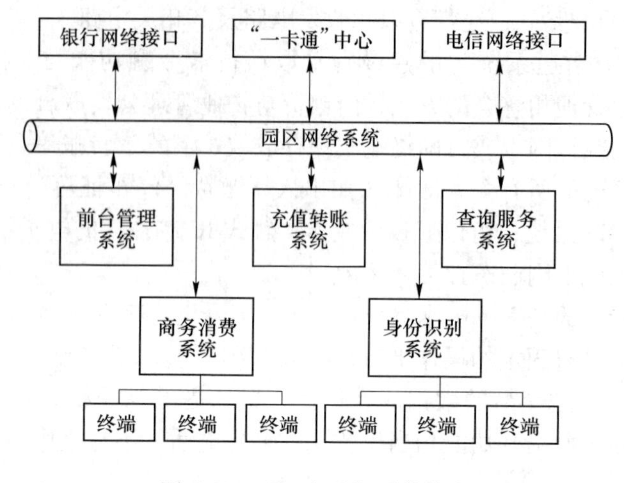

图 6-11 "一卡通"系统构成

6.4.3.2 基本功能

(1) IC 卡管理。IC 卡管理的主要目的是发行、充值、查询、挂失、修改一卡通信息，包括持卡人的住所、姓名、卡号、身份证号码、性别、权限等。

新卡发行：建立小区住户资料库，生成信息（住户、姓名、卡号、权限等），经发卡后该住户卡可投入使用。

挂失处理：根据住户挂失申请，使卡由合法卡变成黑名单卡，向各使用终端传送。同时，可向申请挂失的住户发放新卡。

查询/修改功能：根据住户查询要求，调出住户资料，查询相关信息，并可通过打印机将所查询的资料打印出来。住户提供有效的证件及资料后，操作员可对住户的资料进行修改，重新入库。查询可通过电话、上网或在园区内的各种终端等方式进行。

(2) 数据计算。住户小区消费统计（当月消费次数、金额的计算等）、物业管理费用统计等。

(3) 设备管理。设备管理功能是对读卡器和控制器等硬件设备的参数和权限等进行设置。

(4) 软件设置。可对软件系统自身的参数和状态进行修改、设置和维护，包括口令设置、修改软件参数、系统备份和修改等。

(5) 报表功能。生成各种程式的报表，如发卡报表、充值报表、监控报表、考勤报表、消费报表、个人明细报表等各种统计报表，辅助决策和查询。

6.5 智能小区管理中心的设置

为智能小区的物业管理和居住在小区内的人员提供公共活动的场所，在小区内的中心区域一般会设置一座小型建筑，称之为小区管理中心。在管理中心内集中了小区中智能化系统的控制设备，也包括一般住宅小区物业管理部门的全部功能。

6.5.1 智能小区管理中心的组成与基本功能

智能小区管理中心的组成与基本功能取决于小区智能化系统的智能化水平与类别，但不管智能化水平的高低，均由以下部分组成：安全防范系统、信息管理系统、信息传输系统，并具有保卫管理中心、物业与设备管理中心、信息咨询中心三个方面的作用。通常，管理中心还具有消防值班室的功能。

（1）保卫管理工作区。保卫管理工作区是住宅小区保安人员进行实时监视、控制、指挥的日常工作区，设有电视监视屏、录像系统、各种报警系统控制台等设备装置，在这里，保安值班人员对小区的出入口、周界、主要通道进行实时监视和录像；设定巡更系统的巡更路线和间隔时间，并记录有关信息；当小区内发生火警、匪警、住户紧急呼救和其他灾害事故时，保安值班人员可以第一时间获取比较全面、系统的信息，并在最短的时间内，按照预定的方案进行处理，根据事态的性质及严重程度，可及时向 110、119 或 120 等城市报警系统报警。

保卫管理工作区应设置在建筑物的首层，并设置直通室外的安全出口。保卫管理工作区应尽可能避开人流密集的场所，特别要注意避免人流疏散线路对指挥工作的干扰。同时，应能使警车、救火车、救护车等方便到达；门窗具有明显标识，且有一定的防火、防暴能力。

（2）公共设备运行管理区。公共设备运行管理区是公共设备管理人员进行日常工作管理的区域，工程值班人员在此对小区内的公共设备进行实时监视、控制，以确保这些公共设施在高效、安全、节能的状态下运行，使住户感觉随时都可以使用水、电、气等，真正感觉到舒适、安全与便利。

公共设备运行管理区可设在动力站，也可与保卫管理工作区设在一起。

（3）物业管理区。物业管理区是住户与管理部门进行对话的主要场所，是小区管理的形象窗口。这里应采用现代化的手段，对小区的物业进行管理，包括建立住宅小区用户档案、三表自动计费管理、停车场管理、其他收费等管理，房产管理、维修管理、工程管理等，并向住户提供交费记录查询、小区电子地图、文档等信息查询，以及物业管理文件等信息，便于住户监督。

（4）小区计算机房。小区计算机中心是社区计算机网络的管理中心，安装有网络服务器、网络通信中心设备、路由器、交换机及其他通信设备，是管理人员的工作区。物业管理部门通过这些设备向住户发布各种信息。

6.5.2 智能小区管理中心的基本要求

智能小区管理中心包含了计算机设备、自动控制设备、现代通信设备等高新技术设备，机房的建筑涉及建筑设计的空调设计、配电设计、抗干扰设计、屏蔽、净化、消防防雷、接地等多学科，所以在住宅小区的规划设计时，就应考虑到小区管理中心的位置、面积、高度、进出线路等问题，保证小区的本体智能化。

为使小区管理中心内的智能化系统工作稳定、可靠，管理区的建设应依照《电子计算机机房设计规范》（GB 50174—93）、《电子计算机机房场地通用规范》（GB/T 2887—2000）、《民用闭路监视电视系统工程技术规范》（GB 50198—94）、《火灾自动报警系统设计规范》（GB 50116—2013）、《智能建筑设计标准》（GB/T 50314—2000）、《低压配电设计规范》（GB 50054—95）等规范的要求进行设计。根据管理中心的设备组成及基本功能，管理中心应满足如下要求：

（1）管理中心的位置。管理中心应位于远离粉尘、油烟污染的地方，避开强振动源、强噪声源、强电磁干扰，进出方便，但又避开疏散人流主干道的小区中心或靠近主要出入口的地方。保卫管理区应位于建筑物的首层，并具有醒目的指示标记。

（2）管理中心的环境。管理中心的温度宜为20~23℃，相对湿度宜为30%~70%之间。保卫管理区与中心机房应采用耐火极限不低于3h的隔墙和耐火极限不低于2h的楼板与其他部位隔开。保卫管理区的门窗具有一定的耐火、防暴能力，门宽不应小于0.9m、高度不应小于2.1m，一般控制在2.4~3m之间。

地面应光滑平整不起尘，若采用活动架空地板，架空高度不小于0.15m。

（3）管理中心的电源及照明。管理中心的电源系统必须稳定、可靠、防瞬变和谐波，双路电源供电或由UPS及后备电源支撑，保证在断电时，使计算机有一定的处理时间，并保证安全防范系统的正常运行。

（4）管理中心的设备接地。工作接地电阻值应小于4Ω，当采用联合接地时接地电阻应小于1Ω。当采用联合接地时用专用接地干线由管理中心引至接地体。专用接地干线用铜芯绝缘导线或电缆，其芯线截面积应大于16mm^2。

（5）管理中心的安全。管理中心是住宅小区智能化的核心，是应对紧急事故的指挥中心，所以必须具有自身的防护能力，在保证各个智能化系统设备可靠运行的同时，还要保证工作人员的人身安全，预防水、火、地震等自然灾害，所以，管理中心的实体防护要坚固，疏散、救援要便捷、灵活，应设置正常的工作通道、疏散通道和紧急通道。采取不同的控制方式，平时只开正常的工作通道，保证管理中心的安全。在技术防护方面，管理中心应设置自身的安全防范系统，如设置闭路电视监视系统、门窗破碎报警系统、火灾自动报警系统、手动和脚踏式报警按钮、110 和 119 直通报警电话等设施，一旦发生异常情况，值班人员可以及早发现，采取保安措施，并向有关部门求助。

参考文献

[1] 向锴．建筑电气与智能化建筑的发展和应用［J］．房地产世界，2020（18）：16-17.
[2] 董林劼．关于建筑电气与智能化建筑的发展和运用研究［J］．电子世界，2019（24）：181-182.
[3] 谢良富．简述智能化建筑与建筑电气［J］．居舍，2021（36）：154-156.
[4] 郑启尧．建筑电气与智能化建筑的发展和应用［J］．大众标准化，2020（9）：95-96.
[5] 陆龙虎．试论建筑电气与智能化建筑的发展和应用［J］．佳木斯职业学院学报，2018（10）：494.
[6] 赵少翔．智能建筑综合布线系统工程技术研究［J］．科技创新与应用，2022，12（9）：151-154.
[7] 郭婧．综合布线系统在智能建筑中的应用［J］．电子技术与软件工程，2021（4）：220-221.
[8] 张震宇．智能建筑综合布线系统设计方案研究［J］．计算机产品与流通，2020（6）：171.
[9] 曾松鸣．智能建筑与综合布线系统交融的实践（Ⅱ）——德特威勒太仓厂区弱电系统规划中的构思［J］．智能建筑与智慧城市，2016（3）：47-55.
[10] 曾松鸣．智能建筑与综合布线系统交融的实践（Ⅰ）——德特威勒太仓厂区弱电系统规划中的构思［J］．智能建筑与智慧城市，2016（2）：51-66.
[11] 蔡静．智能建筑中的自动化系统设计［J］．集成电路应用，2022，39（5）：146-147.
[12] 张晓禹，肖百齐，杨志坚．智能建筑电气自动化系统集成控制网络分析［J］．智能建筑与智慧城市，2021（6）：138-139.
[13] 杨星，刘晓帆．智能建筑设备的电气自动化系统设计探讨［J］．现代信息科技，2020，4（14）：153-155.
[14] 庄怡．基于 LonWorks 技术的智能建筑楼宇自动化系统的研究［J］．建材与装饰，2019（17）：292-293.
[15] 陈中山．基于智能建筑电气自动化系统的设计方案分析［J］．城市建筑，2019，16（9）：61-62.
[16] 邹磊，余昊洋，吴金龙，等．基于智能建筑消防系统下的 PLC 通信系统的研究［J］．科学技术创新，2020（22）：104-105.
[17] 李瑞杰．智能建筑通信网络系统部分的探讨及应用［J］．智能建筑与智慧城市，2018（10）：23-24.
[18] 韦启军．LED 智慧照明与通信系统（可见光通信）在智能建筑中的新应用及未来发展［J］．智能建筑，2016（2）：53-54.
[19] 赵德华．智能建筑通信综合布线系统浅析和实践［J］．工程建设与设计，1998（4）：25-27，31.
[20] 牟连佳，杨丽萍．通信协议与 IT 技术在智能建筑系统集成中应用研究［J］．计算机与数字工程，2007（3）：98-100，122-123，144.
[21] 张郁芳．浅谈智能建筑中办公自动化系统的设计［J］．山西建筑，2007（31）：362-363.

[22] 王波，卿晓霞. 浅议智能建筑办公自动化系统技术［J］. 工程设计CAD与智能建筑，2002（9）：7-9.

[23] 王波，谭克艰. 智能建筑办公自动化系统及设计——智能建筑学术讨论系列文章之六［J］. 建筑电气，2001（4）：18-22.

[24] 田阳光，李媛. 智能小区的网络规划设计与实施［J］. 科技创新与应用，2018（36）：82-83.

[25] 丘洪伟. 物联网时代智能小区的规划与实现［J］. 科技展望，2016，26（35）：14.

[26] 张利伟，石效国. 基于智能算法的住宅小区供水管网规划设计研究［J］. 工程技术研究，2017（5）：201-202.

[27] 黄玉萍，杨怀磊. 智能小区的网络管理系统规划［J］. 统计与管理，2013（1）：145-147.